现代无人机

鉴 赏 藏版）

《深度文化》编委会◎编著

清华大学出版社
北 京

内 容 简 介

本书是讲解民用无人机的科普图书，全书共分为5章，第1章详细介绍了无人机的定义、历史、分类、系统组成、商业应用、管理法规等知识，第2～5章分别介绍了消费级无人机、行业级无人机、农业无人机以及其他类型无人机中的热门在售机型，以及部分已经停产的重要机型。每款机型都详细介绍了其生产厂商、应用范围、主要结构、核心设备、综合性能等知识，并配有精美的鉴赏图以及展示无人机关键尺寸、性能的参数表格。

本书内容丰富，结构严谨，分析讲解透彻，适合广大航空爱好者和中小学生作为科普读物。同时，它也适用于航空工程师、军事专家、政府政策制定者、技术投资者、农业专业人士、环境监测专家、物流行业规划者、影视制作人员以及应急管理人员等专业人士作为参考书籍。此外，本书亦可作为各大航空院校相关专业的教学辅助用书。

图书在版编目 (CIP) 数据

现代无人机鉴赏 : 珍藏版 /《深度文化》编委会编著 .
北京 : 清华大学出版社 , 2024. 11. --(世界文化鉴赏系列).
ISBN 978-7-302-67435-1

Ⅰ .V279

中国国家版本馆 CIP 数据核字第 2024RW9016 号

责任编辑： 李玉萍
封面设计： 王晓武
责任校对： 徐彩虹
责任印制： 刘　菲

出版发行： 清华大学出版社
网　　址： https://www.tup.com.cn，https://www.wqxuetang.com
地　　址： 北京清华大学学研大厦 A 座　　**邮　　编：** 100084
社 总 机： 010-83470000　　**邮　　购：** 010-62786544
投稿与读者服务： 010-62776969，c-service@tup.tsinghua.edu.cn
质 量 反 馈： 010-62772015，zhiliang@tup.tsinghua.edu.cn
印 装 者： 北京联兴盛业印刷股份有限公司
经　　销： 全国新华书店
开　　本： 146mm×210mm　　**印　　张：** 9.625　**字　　数：** 368 千字
版　　次： 2024 年 11 月第 1 版　　**印　　次：** 2024 年 11 月第 1 次印刷
定　　价： 69.80 元

产品编号：101647-01

前言

无人机的研制起源于一战时期，彼时英国军方秘密研究无人驾驶飞机。早期的无人机主要用于军事领域，作为靶机使用，或者执行侦察任务。二战结束后的美苏冷战时期，国际军备竞赛不断升级，从而推动了全球无人机技术的飞速发展，在这一时期，无人机的功能和用途逐渐丰富。20 世纪 90 年代的海湾战争中，美军在战场上频繁使用无人机，引起了各国军方的关注，这再一次推动了全球无人机行业的发展。

无人机在军事领域的应用范围极广，其不仅可以减少参战人员的伤亡，还能更高效、更准确地完成侦察、预警、反恐、对抗等任务，因此军用无人机也逐渐成为增强国防实力的有效手段。进入 21 世纪以来，随着无人机技术逐渐成熟，制造成本和技术门槛逐渐降低，无人机开始迅速向民用领域拓展，在航拍、测绘、巡检、消防、救援、智慧城市、乡村管理、农业植保等应用场景中发挥着越来越重要的作用。

据弗若斯特沙利文咨询公司预测，2024 年全球民用无人机市场规模将增长至 4157.27 亿元人民币，2015—2024 年的年复合增长率将达 43.03%。2015—2019 年，我国民用无人机市场规模占全球无人机市场规模的比例一直保持在 65% 以上。2019 年，我国消费级无人机、行业级无人机的市场规模分别为 283.33 亿元人民币、151.79 亿元人民币（包含无人机整机及无人机服务），占全球相应市场规模的比例分别为 74.29% 和 55%。我国已成为全球无人机行业版图中最重要的一块，以大疆创新为代表的无人机企业正引领着全球消费级无人机的发展，而行业级无人机也在巡检、测绘、农林植保、安防监控、物流运输等领域中不断深耕，通过代替人工作业实现降本增效。未来，我国民用无人机市场仍将保持快速增长。

本书是介绍民用无人机的科普图书，书中精心收录了 180 余款量产机型，涵盖消费级无人机、行业级无人机、农业无人机等。每款机型都详细介绍了生产厂商、应用范围、主要结构、核心设备、综合性能等知识，并配有详细的参数和精美的鉴赏图，全面展示每款机型的内外风貌。通过阅读本书，读者可以深入了解民用无人机的发展脉络，并全面认识不同国家、不同品牌、不同类型的民用无人机，从而迅速熟悉它们的构造和用途。

本书由《深度文化》编委会创作，参与编写的人员有丁念阳、阳晓瑜、陈利华、高丽秋、龚川、何海涛、贺强、胡姝婷、黄启华、黎安芝、黎琪、黎绍文、卢刚、罗于华等。对于广大无人机爱好者，以及有意了解无人机知识的青少年来说，本书不失为一本极具价值的科普读物。希望读者朋友们能够通过阅读本书循序渐进地提高自己的无人机知识。

由于编写时间有限，故本书难免存在疏漏之处，敬请广大读者朋友批评、指正。

编　者

目 录

第 1 章 无人机漫谈 1

第 2 章 消费级无人机 13

第 3 章 行业级无人机 123

第 5 章 其他类型无人机 281

参考文献 299

第1章　无人机漫谈

无人机是新一代电子信息技术与航空工业技术深度融合的产物，也是全球战略性新兴科技的热门发展方向之一。作为航空产业中冉冉升起的新星，无人机产业不仅在社会生产、生活中发挥着越来越重要的作用，更是逐渐成为当今社会中新的经济增长点。

无人机的定义

无人机是利用无线电遥控设备和自备的程序控制装置操纵的不载人飞机，也可由车载计算机完全地或间歇地自主进行操纵。由于对无人机的操纵技术、属性、应用领域等方面的认识不同，不同国家将其称为 Drone、Remotely Piloted Aircraft（RPA）、Remotely Piloted Vehicle（RPV）、Unmanned Aerial Vehicle（UAV）、Unmanned Aircraft（UA）等，在国内则称其为无人驾驶航空器、无人机、无人航空器、无人驾驶飞行器等。

国际民用航空组织（ICAO）在 2011 年发布的 Cir 328 号通告《无人驾驶航空器系统（UAS）》中有下述定义。

（1）无人驾驶航空器（Unmanned Aircraft，UA）：机上没有驾驶员操纵的航空器。

（2）无人驾驶航空器系统（Unmanned Aircraft System，UAS）：机上没有驾驶员操纵的航空器及其相关部件。

（3）遥控驾驶航空器（Remotely Piloted Aircraft，RPA）：由遥控站操纵的无人驾驶航空器（注意：遥控驾驶航空器是无人驾驶航空器的一个子类）。

（4）遥控驾驶航空器系统（Remotely Piloted Aircraft System，RPAS）：更强调空中系统，不仅包括飞行器本身，还包括诸如地面控制站、数据链和天线等组成元素。RPAS 还可以代表多架遥控飞行器的系统，这些飞行器可作为一个整体由单个操作人员远程操纵。

《无人驾驶航空器系统（UAS）》也对模型航空器的管理进行了说明，ICAO 认为 UAS 的引入并不能有效区分模型航空器和有人航空器，一般认为仅用于娱乐目的的模型航空器不在《国际民用航空公约》的框架范围内，即使有也是各个国家自行制定法规进行管理。

美国联邦航空局（FAA）和澳大利亚民航局官方网站的无人机网页都使用了“drone”这个单词，但这主要用于日常用语，在其法律法规文件中使用的是“RPAS”“RPA”“UAS”“UA”。“drone”一词源于法语，其本意是嗡嗡声，因为无人机使用时会发出噪声，飞行时会发出如嗡嗡嗡的声音，与无人机的“形”“声”接近，故而成为在描述无人机时最为形象的词汇。同时，由于早期无人机在应用方面多用于靶机，“drone”也就成了靶机的代名词（如今已被“Target Drone”取代），这也是国外应用较多且认可度较高的名称。

我国早期以发展军用无人机为主，近年来民用无人机技术发展迅速，生产制造产业链完善，对其概念的描述也在不断变化。中国民用航空局 2013 年颁布的《民用无人机系统驾驶员管理暂行规定》、2015 年颁布的《轻型和小型无人机操作规程（试行）》中，无人机的定义如下。

（1）无人机（UA）：是由控制站管理（包括远程操纵或自主飞行）的航空器，也称远程驾驶航空器（RPA）。

（2）无人机系统（UAS）：也称远程驾驶航空器系统（RPAS），是指由无人机、相关控制站、所需的指令与控制数据链路以及批准的型号设计规定的任何其他部件组成的系统。

小知识：

《国际民用航空公约》于 1944 年 12 月 7 日在美国芝加哥订立，1947 年 4 月 4 日正式生效。该公约是国际民用航空领域最重要的现行国际公约，被称为国际民用航空活动的宪章性文件。

纵横大鹏 CW-15 行业无人机

无人机的历史

无人机的历史可以追溯到20世纪初。1914年，一战的战火正酣。战争中，飞行员的平均死亡率高达16%。在这种情况下，英国的卡德尔和皮切尔两位将军，向英国军事航空学会提出了一项建议：研制一种不用人驾驶、使用无线电操纵的小型飞机——让它飞到某个目标区域上空，投下事先装备的炸弹，来代替飞行员执行任务。这种大胆的设想得到了英国军事航空学会理事长戴•亨德森爵士的赏识，他指定由阿奇博尔德•蒙哥马利•洛教授率领一批科研人员进行研制。

当时，有人机的发展尚处于起步阶段，研制无人机无疑是异想天开。不出所料，操作人员通过无线电控制小型飞机起飞升空，还来不及高兴，无人机就突然改变方向，失控坠落。在众人惋惜的目光中，无人机的第一次试验以失败告终。

一战结束后，许多国家主张把无人机做成靶机，用来训练炮兵、防空部队或飞行员。1927年，由阿奇博尔德•蒙哥马利•洛教授参与研制的“喉”式单翼无人机在英国海军“堡垒”号军舰上成功进行试飞。该无人机载有113千克炸弹，以322千米/时的速度飞行了480千米，这在当时曾引起极大轰动。随后，英国军方又先后研制出无线电遥控的“拉瑞克斯”无人机、用于校验战列舰火炮攻击效果的“费雷尔•昆士”无人机，以及名为“蜂王”的双翼无人靶机等多种用途的无人机。

真正将无人机投入到战场的是美国。二战中，美国陆军航空队曾在太平洋战场上使用过携带重型炸弹的活塞发动式无人机，用以轰炸日军目标。20世纪40年代末，美国为训练战斗机飞行员和防空导弹操作手，研制出一款高亚音速、喷气推进的靶机，代号为Q-2“火蜂”，该无人机可视作现代无人飞行器的鼻祖。

无人机首次被正式派往战场执行任务是在1964年。越南战争中，美军无人机主要是用来配合载人侦察机执行侦察和目标指引任务。据不完全统计，这些无人机在十几年内共执行了3435架次任务，拍摄了1.4亿张照片，任务区域大部分是载人侦察机不宜前往的区域。但在越南战争结束后，美国空军因经费缩减而进行组织重整，无人机部队就此解散。

美国是最早让人们看到无人机在战场上的真正威力，以色列则是无人机创新使用方向的领导者，该国制造的无人飞行器种类极多。20 世纪 60 年代末，埃及和叙利亚引进、部署苏制防空导弹，对以色列的侦察机构成巨大威胁，以色列开始把目光投到无人机身上。1973 年中东赎罪日战争爆发，以色列军队购买大量无人机，并自行研制了“巡逻兵”和“獒犬”无人机，后来成为现代侦察无人机的标准机型。

在发展侦察无人机的同时，以色列大力发展空射型诱饵，研制出“参孙”和“妖妇”两款诱饵无人机，在 20 世纪 80 年代初的贝卡谷地战役中开创了在实战中大量使用无人机的先河。1982 年，以色列大举出动“参孙”和“妖妇”无人机，叙利亚防空雷达立即开机瞄准目标，此时以色列战机借机用反辐射导弹成功摧毁了这些雷达。战场实况由“巡逻兵”和“獒犬三号”无人机传回指挥中心，随后以色列便顺利地引导火炮攻击叙利亚防空导弹阵地。

20 世纪 90 年代以来，西方各国认识到军用无人机的巨大应用前景，开始竞相研发无人机，由此促成了无人机技术的迅猛发展。无人机可完成情报侦察、中继通信、电子对抗、防空、制空、精确打击等多种任务，已成为影响作战进程的重要力量。

时至今日，伴随着现代科技的迅猛发展，无人机的运用也已经从最初单纯的军事领域，逐渐向民用领域拓展。从战场到城市，从旷野到钢筋水泥的丛林，随着技术升级，无人机的功能不断增加，它所带来的改变也超出了多数人的想象。

道通智能 EVO Lite+ 航拍无人机

无人机的分类

国内外无人机相关技术飞速发展，无人机系统种类繁多、用途广泛、特点鲜明，致使其在尺寸、质量、航程、航时、飞行高度、飞行速度、任务等多方面都有较大差异。由于无人机的多样性，出于不同方向的考量会有不同的分类方法。

按飞行平台构型分类，无人机可分为固定翼无人机、旋翼无人机、无人飞艇、伞翼无人机、扑翼无人机等。

按用途分类，无人机可分为军用无人机和民用无人机。军用无人机可分为侦察无人机、诱饵无人机、电子对抗无人机、通信中继无人机、无人战斗机以及靶机等；民用无人机可分为航拍无人机、测绘无人机、消防无人机、巡检无人机、农业无人机、竞速无人机、钓鱼无人机等。

按尺寸和重量分类（民航法规），无人机可分为微型无人机、轻型无人机、小型无人机及大型无人机。

按活动半径分类，无人机可分为超近程无人机、近程无人机、短程无人机、中程无人机和远程无人机。超近程无人机活动半径在 15 千米以内，近程无人机活动半径在 15 ～ 50 千米之间，短程无人机活动半径在 50 ～ 200 千米之间，中程无人机活动半径在 200 ～ 800 千米之间，远程无人机活动半径大于 800 千米。

按任务高度分类，无人机可以分为超低空无人机、低空无人机、中空无人机、高空无人机和超高空无人机。超低空无人机任务高度一般在 0 ～ 100 米之间，低空无人机任务高度一般在 100 ～ 1000 米之间，中空无人机任务高度一般在 1000 ～ 7000 米之间，高空无人机任务高度一般在 7000 ～ 18000 米之间，超高空无人机任务高度一般大于 18000 米。

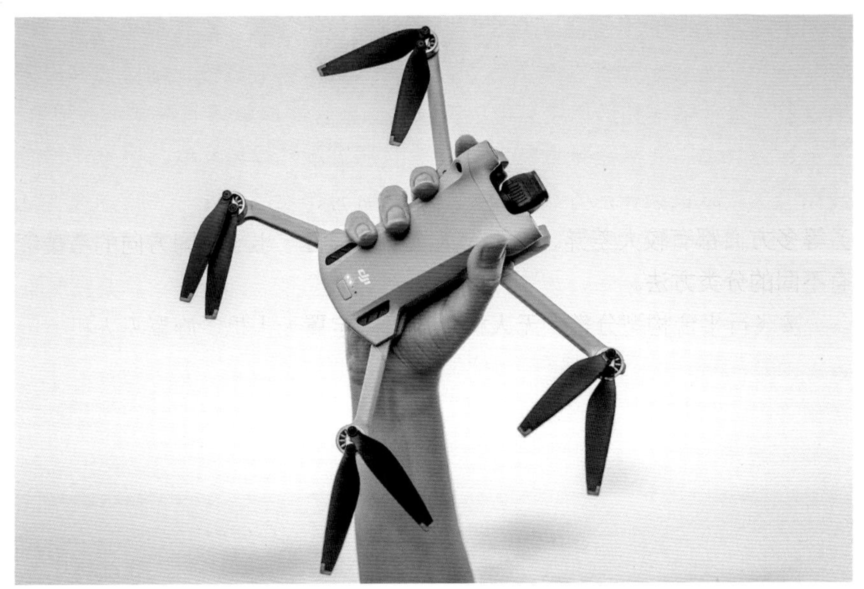

可以单手握持的大疆 Mini 3 Pro 微型无人机

无人机系统的组成

随着无人机性能的不断发展和完善，能够执行复杂任务的无人机系统包括以下各个分系统。

（1）无人飞行器分系统：包括机体、动力装置、飞行控制与管理设备等。该分系统是执行任务的载体，它能够携带遥控、遥测设备和任务设备，到达目标区域完成要求的任务。

（2）任务设备分系统：包括战场侦察校射设备、电子对抗设备、通信中继设备、攻击任务设备、电子技术侦察设备、核生化探测设备、战场测量设备、靶标设备。该分系统完成要求的侦察、校射、电子对抗、通信中继、对目标的攻击和靶机等任务。

（3）测控与信息传输分系统：包括无线电遥控 / 遥测设备、信息传输设备、中继转发设备等。该分系统通过上行信道，实现对无人机的遥控；通过下行信道，完成对无人机状态参数的遥测，并传回侦察获取的情报信息。

（4）指挥控制分系统：包括飞行操纵与管理设备、综合显示设备、地图与飞行航迹显示设备、任务规划设备、记录与回放设备、情报处理与通信设备、其他情报和通信信息接口等。该分系统完成指挥、作战方案制定、任务数据加载、无人机地面和空中工作状态监视和操纵控制，以及飞行参数和情报数据记录等任务。

（5）发射与回收分系统：包括与发射（起飞）和回收（着陆）有关的设备或装置，如发射车、发射箱、助推器、起落架、回收伞、拦阻网等。该分系统主要完成无人机的发射（起飞）和回收（着陆）任务。

（6）保障与维修分系统：包括基层级保障维修设备、基地级保障维修设备等。该分系统主要完成系统的日常维护，以及无人机的状态测试和维修等任务。

大疆御 3T 无人机系统

无人机的商业应用

无人机的全球市场在近年来大幅增长，现已成为商业、政府和消费应用的重要工具。其被广泛应用于建筑、石油、天然气、能源、农业等领域。以下是常见的无人机商业应用领域实例。

（1）物流运输。与传统物流相比，无人机物流优势明显。不同于传统中常见的公路、铁路等运输，无人机的空运能有效避免交通堵塞，规避危险地形，使运输更为快捷、高效、安全。尤其是在山区，无人机物流运输比传统物流能节省更多时间和成本。此外，无人机物流运输能减少对人力资源的依赖。

（2）农业植保。与传统的农业植保（一般是有人驾驶飞机）相比，无人机农业植保单位面积施药液量小，无须专用起降机场，机动性好，植保作业效率更高，植保成本更低（节省约 50% 的农药使用量、约 90% 的用水量），植保过程更加安全精准，植保的效果更好。无人机在农业植保方面的应用包括播种、喷洒农药、巡逻监视、病虫监察等。

（3）安防救援。无人机在安防救援方面的应用包括建筑外墙巡检、电力巡检、基站巡检、石油管线巡检、河道巡检等具体应用。在日常巡检中，无人机相较传统人力巡检，具有成本低、灵活性强、安全性高、受自然环境及地形影响较小、视角更优等特点。无人机救援包括边防监控、消防监控、环境保护、刑侦反恐、治安巡逻等具体应用。其在突发救援任务中能有效规避地面障碍，快速准确地到达指定现场，利用热成像仪等高新技术产品把信息实时回传至指挥中心，为指挥人员决策提供依据。

（4）地理测绘。无人机在抢险、科研、教育、智慧农业、智慧城市、勘察、场景巡检等具体应用中，测绘是关键的一环。对比传统人力测绘制作地图通常需要数天甚至几周的时间，无人机甚至能通过抓取镜头数据实现毫秒级生成实时实景地图，具有效率高、成本低、数据精确、操作灵活、多视角信息可用等特点，能满足不同测绘行业人员的需求。

（5）网络直播。无人机的加入，给依托于高速网络而诞生的网络直播带来了全新的拍摄视角（上帝视角、全景视角等）。伴随着 5G 网络技术的日趋成熟，5G 无人机 VR 直播将会广泛应用于体育赛事、演艺活动等大型活动极致体验直播，以及广告、新闻、电影等商业活动的拍摄中。

启飞智能 A22 农业植保无人机

大疆经纬 M210 RTK V2 无人机

无人机的管理法规

目前，还没有一个完整的、国际通用的无人机管理框架，但不同国家和地区都在制定并不断完善无人机的相关法规和标准，努力在确保安全和推动发展间寻找到一个平衡点。

中国

在法律层面，我国于 2018 年修订的《中华人民共和国民用航空法》中增加了第 214 条，作了原则性授权规定，即国务院、中央军事委员会对无人驾驶航空器的管理另有规定的，从其规定。

在行政法规层面，国务院、中央军事委员会空中交通管制委员会于 2018 年组织起草了《无人驾驶航空器飞行管理暂行条例（征求意见稿）》。2021 年 4 月，成立中央空中交通管理委员会。

在规章层面，我国于 2018 年修订实施了《民用航空空中交通管理规则》。

在规范性文件层面，2015 年以来，我国民用航空局针对无人机运行、空中交通管理、登记、驾驶员、经营性飞行活动以及适航管理等，先后出台了《轻小无人机运行规定（试行）》《民用无人驾驶航空器系统空中交通管理办法》《民用无人驾驶航空器实名制登记管理规定》《民用无人机驾驶员管理规定》《民用无人驾驶航空器经营性飞行活动管理办法（暂行）》《特定类无人机试运行管理规程（暂行）》《民用无人机产品适航审定管理程序（试行）》《民用无人机系统适航审定项目风险评估指南（试行）》等一系列规范性文件。2023 年 5 月 31 日，国务院、中央军委公布《无人驾驶航空器飞行管理暂行条例》，自 2024 年 1 月 1 日起施行。

美国

在国会立法层面，美国关于无人机的规则主要包含于民航相关法律中，通常无人机作为其中一个单独章节存在。美国已通过的涉及无人机的法律包括《2012 年联邦航空管理局现代化与改革法》和《2016 年联邦航空管理局扩张、安全和安保法》。

在法规层面，美国政府各部门（主要是联邦航空局）所颁布的关于无人机的法规主要集中于《美国联邦法规》（*Code of Federal Regulations*）第 14 编（Title 14）“航空与航天”中。

欧盟

2018 年 8 月，欧盟修订发布了《欧洲议会和理事会第 2018/1139 号法规——关于民用航空领域的共同规则和建立欧洲航空安全局》。

2019 年 6 月，欧洲航空安全局（EASA）发布了两部欧盟无人机通用条例，即《欧盟委员会第 2019/945 号授权条例——关于无人驾驶航空器系统和无人驾驶航空器系统第三国运营人》和《欧盟委员会第 2019/947 号实施条例——关于无人驾驶航空器运行规则和程序》。

美国警察使用的大疆经纬 M300 RTK 无人机

飞行中的大疆御 3 Classic 无人机

第 2 章　消费级无人机

消费级无人机是指民用无人机产品中面向个人消费者、主要用于娱乐和航拍活动的一类。近年来，消费级无人机销量高速增长，我国生产的消费级无人机已处于国际前列。未来，消费级无人机将朝小型化、智能化、安全化的方向发展。

大疆精灵无人机

大疆精灵（Phantom）是深圳市大疆创新科技有限公司于2013年发布的航拍无人机。它是大疆推出的首款航拍一体无人机，也是大疆首款应用了内置GPS系统的消费级无人机。

基本参数	
轴距	350毫米
整机重量	1.2千克
最大上升速度	6米/秒
最大平飞速度	36千米/时
最大飞行时间	15分钟
最远遥控距离	1千米
相机有效像素	无内置相机
电池容量	2200毫安时

大疆精灵的问世具有革命性意义，因为在此之前，用户无法确定飞机在空中的位置，这让他们难以自如地操控无人机。内置GPS系统的应用意味着用户可以更精确地操控无人机，即使用户放开遥控器，无人机也可以自主固定位置或悬停在原处。内置GPS技术的集成最终使大疆无人机比当时任何其他品牌的产品都更加安全可靠，也让用户对无人机的操控前所未有得得心应手。

大疆精灵机身小巧，携带方便，外出旅行时，用户可以轻松把它装入背包。该无人机外置可拆卸简易相机安装座，以便装载轻巧型的相机，或者其他视频拍摄电子设备。大疆精灵具有智能方向控制、失控返航、低电压保护等功能，并可根据不同的飞行需要以及不同的飞行环境智能切换飞行模式。

大疆精灵 FC40 无人机

大疆精灵 FC40 是深圳市大疆创新科技有限公司于 2013 年发布的航拍无人机。

基本参数	
轴距	350 毫米
整机重量	1.2 千克
最大上升速度	6 米 / 秒
最大平飞速度	36 千米 / 时
最大飞行时间	15 分钟
最远遥控距离	1 千米
相机有效像素	1000 万
电池容量	2200 毫安时

大疆精灵 FC40 是在大疆精灵的基础上衍生而来的升级产品，其配备了 FC40 智能相机，支持 720P/30fps 高清视频录制，并支持拍摄实时预览、空中拍照和相册同步等功能。此外，用户还可以通过安装 iOS 和安卓应用程序来控制相机，较好的第一人称视角（FPV）体验使得大疆精灵 FC40 成为入门航拍爱好者的理想选择。

大疆精灵 FC40 使用 2.4G Wi-Fi 无线连接，与大疆精灵不同的是，它配备了全新的 5.8 GHz 遥控器，避免了飞行中与 2.4G Wi-Fi 的相互干扰。该无人机具有稳定、敏捷、控制方便的特点，用户通过遥控器可控制其飞行路径。大疆精灵 FC40 内置 Naza-M 飞行控制系统和 GPS 模块，可以提供自动飞行和基于 GPS 飞行两种飞行模式。机身自带 LED 安全灯，可警示其他设备。

大疆精灵 2 无人机

大疆精灵 2 是深圳市大疆创新科技有限公司于 2013 年 12 月发布的航拍无人机。

基本参数	
轴距	350 毫米
整机重量	1 千克
最大上升速度	6 米 / 秒
最大平飞速度	54 千米 / 时
最大飞行时间	25 分钟
最远遥控距离	1 千米
相机有效像素	无内置相机
电池容量	5200 毫安时

大疆精灵 2 是一款“到手即飞”的多功能四轴飞行器，支持 H3-2D 和 H3-3D 云台，并支持外接图传。该无人机具有简便的电池插拔设计、创新的自紧桨设计，机身设有 CAN-Bus 扩展接口。

大疆精灵 2 配备的 2312 电机采用了开创性的绕组结构，整齐美观并有效提升了槽满率和散热性能，为大疆精灵 2 量身打造的电磁设计在保持电机质量不变的情况下，能够有效提升输出功率，配合全新升级的 9450 桨和最新电调固件，新动力系统在 3S 电压下最大输出拉力得到了大幅提升，在保证飞行时间不变的前提下大大改善了飞行体验，并为大疆精灵 2 的配置提供了更多选项。升级版遥控器新增了云台俯仰控制拨轮，内置 2000 毫安时充电锂电池，具备电池电量指示灯、油门杆锁定以及模拟器训练接口功能。全新研发的防静电指南针，配备保护壳可在飞行过程中起到有效保护作用。

大疆精灵 2 Vision 无人机

大疆精灵 2 Vision 是深圳市大疆创新科技有限公司于 2013 年 11 月发布的航拍无人机。

基本参数	
轴距	350 毫米
整机重量	1.16 千克
最大上升速度	6 米 / 秒
最大平飞速度	54 千米 / 时
最大飞行时间	25 分钟
最远遥控距离	1 千米
相机有效像素	1400 万
电池容量	5200 毫安时

大疆精灵 2 Vision 的主要特点包括：集成飞行器和相机，重量轻，功能多；使用 DJI VISION 应用程序远程控制相机；使用中继器，Wi-Fi 传输距离最远可达 300 米；内置减震云台，自动增稳；低电压保护；可使用移动设备辅助定位飞行器。

大疆精灵 2 Vision 配备的相机支持 RAW 和 JPEG 两种照片格式，支持单拍、连拍和定时拍摄模式，同时支持 1080P 全高清视频拍摄。用户通过 DJI VISION 应用程序，可远程控制相机及参数设置，并可进行实时图像传输、FPV 飞行、相册同步分享等操作。

大疆精灵 2 Vision+ 无人机

大疆精灵 2 Vision+ 是深圳市大疆创新科技有限公司于 2014 年 4 月发布的航拍无人机。

从外观上看，大疆精灵 2 Vision+ 与大疆精灵 2 Vision 的差别不大，最直观的改变是摄像头外壳由原来的白色半磨砂设计变成了金属银色设计，看起来更具科技潮流感。大疆精灵 2 Vision+ 内置高精度的三轴陀螺仪稳定云台，可以主动抵消无人机的抖动，让飞行更加平稳、流畅。借助内置惯性导航传感器与 GPS，飞机可以在空中稳定悬停拍摄，灵活自如。

基本参数	
轴距	350 毫米
整机重量	1.242 千克
最大上升速度	6 米 / 秒
最大平飞速度	54 千米 / 时
最大飞行时间	25 分钟
最远遥控距离	1 千米
相机有效像素	1400 万
电池容量	5200 毫安时

大疆精灵 2 Vision+ 最大的特点就是到手即飞。用户只需要认真阅读官网提供下载的飞行教学说明和配套的教学视频，就可以快速上手。专用的 Wi-Fi 中继器使得飞行器能够与手机通过 Wi-Fi 进行信号和图像传输，同时在遥控器上配置了手机专用支架，可以夹持包括 iOS 和安卓在内的多种操作系统的智能手机。用户通过下载专门的应用程序，就能实时观看无人机飞行时所拍摄的画面及视频。同时，界面上还会显示无人机的高度、速度、GPS 信号和电量信息等，从而增强了无人机的可操控性。

大疆精灵 3 Pro 无人机

大疆精灵 3 Pro 是深圳市大疆创新科技有限公司于 2015 年 4 月发布的航拍无人机。

基本参数	
轴距	350 毫米
整机重量	1.28 千克
最大上升速度	5 米 / 秒
最大平飞速度	57.6 千米 / 时
最大飞行时间	23 分钟
最远遥控距离	5 千米
相机有效像素	1240 万
电池容量	4480 毫安时

大疆精灵 3 Pro 配备了 20 毫米（35 毫米格式等效）低畸变广角相机和高精度防抖云台，94 度广角 f/2.8 定焦镜头，从而在一定程度上改善过去在航拍视频中常见的夸张鱼眼效果，让画面更自然。用户在应用程序中可以调整它的ISO、曝光、快门、滤镜等功能，相机也可以向下 120 度或向左、向右 30 度转动。相机可拍摄 1200 万像素 JPEG 与无损 RAW 格式的照片，以及 30 帧 / 秒的 4K 超高清视频。

大疆精灵 3 Pro 强化了控制器，除了体积被缩小之外，还加入了多个热键，从而增强了操作便利性和安全性。用户只需将其与手机（或平板电脑）连接，就可以在上面直接看到影像，并放在网上平台作最高 720P 分辨率的串流直播。在新版本的应用程序中，用户还可以把途中的精彩片段标记出来，再直接在上面进行后期剪辑。

大疆精灵 3 Advanced 无人机

大疆精灵 3 Advanced 是深圳市大疆创新科技有限公司于 2015 年 4 月发布的航拍无人机。

大疆精灵 3 Advanced 配备了 20 毫米低畸变广角相机和防抖云台，可拍摄 1200 万像素 JPEG 以及无损 RAW 格式的照片，并可拍摄 60 帧/秒的 1080P 高清视频。最高可传输 30 帧的 720P 实时图像，接收器位于遥控器内部。该无人机配备了视觉定位系统，可在超低空或室内实现稳定飞行和悬停。

基本参数	
轴距	350 毫米
整机重量	1.28 千克
最大上升速度	5 米 / 秒
最大平飞速度	57.6 千米 / 时
最大飞行时间	23 分钟
最远遥控距离	5 千米
相机有效像素	1240 万
电池容量	4480 毫安时

大疆精灵 3 Advanced 采用 4480 毫安时 4S 电池，电压相对于大疆精灵 2 Vision+ 更高。该无人机具备自动返航功能，若起飞前记录了返航点，则当遥控器与飞行器之间失去通信信号时，无人机将自动返回返航点并降落，以防发生意外。大疆精灵 3 Advanced 为用户提供了三种不同的返航方式：智能返航、智能低电量返航和失控返航。

低飞的大疆精灵 3 Advanced 无人机

大疆精灵 3 Advanced 无人机及其遥控器

大疆精灵 3 Standard 无人机

大疆精灵 3 Standard 是深圳市大疆创新科技有限公司于 2015 年 8 月发布的航拍无人机。

基本参数	
轴距	350 毫米
整机重量	1.216 千克
最大上升速度	5 米 / 秒
最大平飞速度	57.6 千米 / 时
最大飞行时间	25 分钟
最远遥控距离	1 千米
相机有效像素	1200 万
电池容量	4480 毫安时

大疆精灵 3 Standard 的外观设计与大疆精灵 2 Vision+ 相似，遥控器也基本一样，区别是将原本外置的可拆卸 Wi-Fi 模块集成在遥控器内部。大疆精灵 3 Standard 配备了 20 毫米（35 毫米格式等效）低畸变广角相机和高精度防抖云台，可拍摄 1200 万像素 JPEG 以及无损 RAW 格式的照片，还可以拍摄 UHD 2.7K/30fps 超高清视频。

大疆精灵 3 Standard 可借助 GPS 实现自动悬停，即便用户飞行途中不慎释放摇杆，机身也可立即自动悬停。当无人机在空中失去遥控器信号或收到返航指令时，可自主回到返航点。飞控系统既可以对准一个静态的对象绕圈拍摄，也可以对设定好的目标跟踪拍摄。内置 GPS 系统有所升级，可以调用更多卫星进行导航，从而实现精准定位和定高定点悬停，即便无人机飞出了遥控范围，系统也会自动触发失控返航功能。在室内飞控方面，其配备了室内视觉定位系统，内置的视觉和超声波传感器通过感知地面纹理和相对高度，让无人机在室内也能实现精准定点悬停和平稳飞行。

大疆精灵 3 Standard 无人机及其遥控器

大疆精灵 3 Standard 无人机起飞

大疆精灵 3 4K 无人机

大疆精灵 3 4K 是深圳市大疆创新科技有限公司于 2016 年 1 月发布的航拍无人机。

大疆精灵 3 4K 与大疆精灵 3 系列其他型号的最大区别是它能通过 Wi-Fi 信号与 DJI GO 应用程序连接，还可录制 4K 视频。该无人机采用增强型 Wi-Fi 中继器，通过移动设备，配合定制遥控器，可实时查看相机角度、控制飞行方向，并拥有一键返航等功能，传输距离达 1.2 千米。

基本参数	
轴距	350 毫米
整机重量	1.28 千克
最大上升速度	5 米 / 秒
最大平飞速度	57.6 千米 / 时
最大飞行时间	25 分钟
最远遥控距离	1.2 千米
相机有效像素	1240 万
电池容量	4480 毫安时

大疆精灵 3 4K 的电池续航时间长达 25 分钟，智能电池内置传感器及 LED 指示灯，可实时掌握电池状态，还可根据飞行距离计算返航和降落时间，提示返航。大疆精灵 3 4K 的电机采用先进的制造工艺，动力强劲。无刷电机搭配先进的双向通信智能电调，让大疆精灵 3 4K 在空中的响应更加敏捷，可随时加速或急停、快速上升或下降。大疆独特的空气制动系统保证在放开摇杆时，无人机可自动定点悬停。高精度自紧桨性能卓越，能在恶劣的环境中稳定飞行。

大疆精灵 3 4K 无人机侧面视角

大疆精灵 3 4K 无人机及其遥控器、电池

大疆精灵 3 SE 无人机

大疆精灵 3 SE 是深圳市大疆创新科技有限公司于 2017 年 3 月发布的航拍无人机。

基本参数	
轴距	350 毫米
整机重量	1.236 千克
最大上升速度	5 米 / 秒
最大平飞速度	57.6 千米 / 时
最大飞行时间	25 分钟
最远遥控距离	4 千米
相机有效像素	1200 万
电池容量	4480 毫安时

大疆精灵 3 SE 配备了 4K 相机，内置的三轴增稳云台能够有效抑制机身在飞行当中所遇到的抖动，同时还配备了 94 度广角镜头，支持 4 千米内的图片、视频传输以及操作控制。镜头采用全金属磨砂处理，搭载了一颗 94 度 FOV F/2.8 光圈的镜头，其 CMOS 传感器有效像素为 1200 万，最高支持 4096×2160 25fps 视频录制，还带有遮光罩，可以有效防止漫反射引起的光晕现象。

大疆精灵 3 SE 配备视觉定位系统，可在超低空或室内等无 GPS 信号的环境实现稳定飞行和悬停。返航功能可使飞行器在失去遥控信号或电量不足时自动返回返航点并自动降落。用户可通过 DJI GO 应用程序在移动设备上实时查看高清画面，稳定传输 720P 图像以及上、下行数据。

飞行中的大疆精灵 3 SE 无人机

大疆精灵 4 无人机

大疆精灵 4 是深圳市大疆创新科技有限公司于 2016 年 3 月发布的航拍无人机。

大疆精灵 4 采用了流线型机身设计，标准版机身采用白色配色。主机采用四旋翼设计，机身造型圆润简洁，旋翼支臂末端设有夜航灯。大疆精灵 4 中国新年特别版由西班牙艺术家马丁·萨蒂设计，采用中国红的配色，外壳上印的是一只色彩鲜艳的凤凰，同时基于风、火、水、土四种基础元素创造了许多图案。

基本参数	
轴距	350 毫米
整机重量	1.38 千克
最大上升速度	6 米 / 秒
最大平飞速度	72 千米 / 时
最大飞行时间	28 分钟
最远遥控距离	5 千米
相机有效像素	1240 万
电池容量	5350 毫安时

大疆精灵 4 支持拍摄 4K/30fps 视频或 1080P/120fps 全高清慢动作视频，还能以 RAW 格式拍摄 1240 万像素照片，给用户提供更大的后期处理空间。该无人机采用新设计的动力系统，运动模式下，最高水平速度为 72 千米 / 时，最高上升、下降速度分别为 6 米 / 秒、4 米 / 秒，倾斜角度最高可达 45 度。大疆精灵 4 支持自动避障功能，可以准确地探测出前方的障碍并作出合理的反应，例如减速、悬停等，从而有效提升了飞行安全性。用户可以更加专注于构图和拍摄，而不必过多考虑无人机飞行方向上的障碍对飞行造成的影响。该无人机还支持 GPS/GLONASS 双模定位，支持指点飞行功能，设定好点位后，无人机可以自动飞抵预设的区域。

大疆精灵 4 无人机准备起飞

大疆精灵 4 Pro 无人机

大疆精灵 4 Pro 是深圳市大疆创新科技有限公司于 2016 年 11 月发布的航拍无人机。

大疆精灵 4 Pro 配备 1 英寸 2000 万像素影像传感器相机，可实现 100Mbps 码率、4K/60fps 的视频拍摄，Flight Autonomy 系统新增了后视视觉传感器与机身两侧的红外感知器系统，前后视觉传感器最大有效感知距离达 30 米。遥控器新增 2.4GHz/5.8GHz 双频段切换，可靠性更高，并可选择屏幕一体化遥控器。

基本参数	
轴距	350 毫米
整机重量	1.388 千克
最大上升速度	6 米 / 秒
最大平飞速度	72 千米 / 时
最大飞行时间	30 分钟
最远遥控距离	7 千米
相机有效像素	2000 万
电池容量	5870 毫安时

相比于大疆精灵 4，大疆精灵 4 Pro 的指点飞行功能中配备轨迹辅助功能，新增了向后指点和自由指点模式；智能跟随功能中新增了环绕跟随模式、平行跟随模式及锁定跟随模式；新增了轨迹飞行、手势自拍，拥有窄距感知功能，采用全新的返航逻辑。新一代智能返航可以根据环境实时构建地图，然后选择最优航线返航，并具备最远达 300 米的障碍感知与绕飞能力。当信号丢失后，无人机先沿原路径飞行尝试重新获取遥控信号，当遥控信号获取后，无人机将进入正常直线返航逻辑；如果一分钟后仍无法获取遥控器信号，无人机也将进入直线返航逻辑。

飞行中的大疆精灵 4 Pro 无人机

大疆精灵 4 Pro 无人机及其遥控器

大疆精灵 4 Advanced 无人机

大疆精灵 4 Advanced 是深圳市大疆创新科技有限公司于 2017 年 4 月发布的航拍无人机。

基本参数	
轴距	350 毫米
整机重量	1.368 千克
最大上升速度	6 米 / 秒
最大平飞速度	72 千米 / 时
最大飞行时间	30 分钟
最远遥控距离	7 千米
相机有效像素	2000 万
电池容量	5870 毫安时

与大疆精灵 4 相比，大疆精灵 4 Advanced 能以 100Mbps 码率拍摄 4096×2160/60fps 高帧率视频，支持 H.265 的编码方式进行视频录制，也支持录制视频同时拍照的功能。同时大疆精灵 4 Advanced 的影像传感器面积更大，画质也更加清晰。大疆精灵 4 Advanced 配备了专为航拍设计的等效 24 毫米广角镜头，含有机械快门、可变光圈，范围是 F2.8-F11，同时还能提供自动对焦功能。

大疆精灵 4 Advanced 的智能飞行功能在大疆精灵 4 的基础上进行了大幅升级，其在 P 模式下的最大飞行速度较大疆精灵 4 略有提升。飞行时间增加到了 30 分钟，最大控制距离增加至 7 千米，障碍物感知距离从 15 米增加到了 30 米。相对于大疆精灵 4 Pro 而言，大疆精灵 4 Advanced 保留了大部分控制功能。但大疆精灵 4 Advanced 的 Flight Autonomy 系统没有后视视觉传感器与机身两侧的红外感知器系统，遥控器没有了 5.8GHz 频段，指点飞行模式里没有后向指点功能。

大疆精灵 4 Advanced 无人机及其遥控器

飞行中的大疆精灵 4 Advanced 无人机

大疆精灵 4 Pro V2.0 无人机

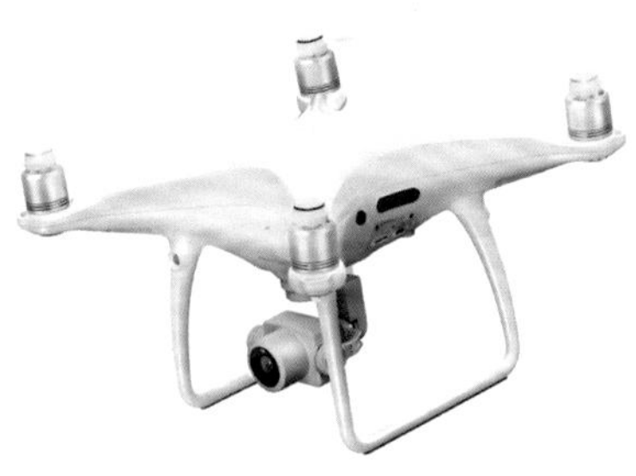

大疆精灵 4 Pro V2.0 是深圳市大疆创新科技有限公司于 2018 年 5 月发布的航拍无人机。

基本参数	
轴距	350 毫米
整机重量	1.375 千克
最大上升速度	6 米 / 秒
最大平飞速度	72 千米 / 时
最大飞行时间	30 分钟
最远遥控距离	6 千米
相机有效像素	2000 万
电池容量	5870 毫安时

大疆精灵 4 Pro V2.0 的相机采用 1 英寸 2000 万像素影像传感器，支持 H.265 编码格式，在同等码流下所记录的信息量比 H.264 格式高 50%，能以 100Mbps 码流拍摄 4K/60fps 视频。通过 D-Log 色彩模式（一种高动态范围的视频色彩格式），用户还能获得更大动态范围，在后期处理时获得更多空间。专为航拍设计的等效 24 毫米 f/2.8 广角镜头由 7 组共 8 片全玻璃镜片组成，具备出色的解析力，能够为用户呈现细节丰富的成像效果。该无人机采用机械快门，最高快门速度可达 1/2000 秒，可在记录运动物体时有效防止拖影，清晰捕捉高速运动物体。

大疆强大的 Flight Autonomy 系统为大疆精灵 4 Pro V2.0 带来了五向感知能力。机身前、后方及底部均配备了双目视觉传感器，前后环境检测距离可达 30 米。左、右两侧配备红外传感器，在新手模式和三脚架模式下、横向飞行时可提供安全保护。且关键传感器采用冗余设计，出现异常时可立即切换，从而大幅提升飞行可靠性。大疆精灵 4 Pro V2.0 具有三种飞行模式，能够应对不同使用场景：定位模式下可使用智能跟随、障碍物感知等功能；姿态模式下可提供姿态增稳并关闭卫星定位，让无人机更灵活；运动模式下灵敏度更高，飞行速度可达 72 千米 / 时，从而满足高速航拍的要求。

停在地面的大疆精灵 4 Pro V2.0 无人机

大疆精灵 4 Pro V2.0 无人机搭载的相机

大疆御 Pro 无人机

大疆御 Pro（Mavic Pro）是深圳市大疆创新科技有限公司于 2016 年 9 月发布的航拍无人机。

基本参数	
长 × 宽 × 高（毫米）	198×83×83
整机重量	0.743 千克
最大上升速度	5 米 / 秒
最大平飞速度	65 千米 / 时
最大飞行时间	27 分钟
最远续航里程	13 千米
相机有效像素	1235 万
电池容量	3830 毫安时

大疆御 Pro 采用可折叠设计，配备了三轴云台相机。整体外观棱角分明，科技感十足。机身尾部有 2 个通风口，用于无人机散热。而进气口的位置在三轴云台相机后方。该无人机配备五目视觉系统，能实现指点飞行、智能跟随等功能，并可自动返航以及在室内外稳定悬停、飞行。三轴云台相机可稳定拍摄 4K 超高清视频与 1235 万像素照片。

大疆御 Pro 可以通过手机或平板电脑操控，使用屏幕上的虚拟摇杆控制飞行器，也可以使用智能飞行功能，指点飞行模式可让飞行器朝选定的方向飞行。在功能按键方面，该无人机可触发锁框跟随和壁障悬停功能，并且三种模式下有着不同的标准：标准模式下，可从拍摄对象前方或后方进行跟随飞行；平行模式下，跟随拍摄对象平行飞行，从侧面进行拍摄；锁定模式下，相机跟随拍摄对象，同时也可以对飞行器进行操控。大疆御 Pro 可智能识别用户的肢体动作，主动选择跟随对象，通过简单的抬起手臂、挥手等动作来实现跟拍或自拍等功能。

飞行中的大疆御 Pro 无人机

大疆御 Pro 无人机夜间开灯状态

大疆御 Pro 铂金版无人机

大疆御 Pro 铂金版是深圳市大疆创新科技有限公司于 2017 年 9 月发布的航拍无人机。

基本参数	
长 × 宽 × 高（毫米）	198×83×83
整机重量	0.743 千克
最大上升速度	5 米 / 秒
最大平飞速度	65 千米 / 时
最大飞行时间	30 分钟
最远续航里程	15 千米
相机有效像素	1235 万
电池容量	3830 毫安时

大疆御 Pro 铂金版继承了大疆御 Pro 硬朗大气的外观造型，散发着独特气息的全新铂金配色，使其充满科技感。其螺旋桨的几何形状更加复杂，桨尖还涂有金色的标识。机身上的“Platinum”字样非常显眼，字体看上去颇有格调。

在性能方面，大疆御 Pro 铂金版最大的优化就是降噪。得益于 FOC 正弦波驱动架构电调及 8331 螺旋桨，大疆御 Pro 铂金版的噪声水平大幅下降。在 1 米距离外，声级计测量得出的整体噪声下降了 4 分贝，相当于噪声功率降低了 60%。在保证噪声降低的同时，还优化了整个动力系统的功耗，增加了飞行时间。与大疆御 Pro 相比，大疆御 Pro 铂金版的最大飞行时间增加了 11%，由 27 分钟延长至 30 分钟。

飞行中的大疆御 Pro 铂金版无人机

大疆御 Pro 无人机（左）和大疆御 Pro 铂金版无人机（右）

大疆御 2 无人机

大疆御 2 是深圳市大疆创新科技有限公司于 2018 年 8 月发布的航拍无人机，分为专业版和变焦版。大疆官方将大疆御 2 系列定位为“便携航拍旗舰”。

与大疆御 Pro 相比，大疆御 2 在相机性能、续航、图传、飞行速度、降噪表现、感知避障、智能功能等方面均有提升，同时大疆御 2 是当时唯一一款可以自动拍摄移动延时视频的航拍无人机。

基本参数（专业版）	
长 × 宽 × 高（毫米）	322×242×84
整机重量	0.907 千克
最大上升速度	5 米 / 秒
最大平飞速度	72 千米 / 时
最大飞行时间	31 分钟
最远续航里程	18 千米
相机有效像素	2000 万
电池容量	3850 毫安时

大疆御 2 专业版和变焦版只有云台相机不同，其余性能都一样。专业版配备的是 1 英寸 2000 万像素 CMOS 传感器，变焦版配备的是 1/2.3 英寸 1200 万像素 CMOS 传感器。两种版本均具有 4 种延时摄影功能（自由模式、定向延时、环绕延时、轨迹延时），以及 4 种全景模式（球形、水平 180 度、竖拍、九宫格）。变焦版取景更方便，可以减少飞行中浪费掉的创作时间，同时拍摄视频时可实现更多的镜头语言，拍出多种画面效果。而专业版前所未有地在便携式无人机上搭载了拥有 1 英寸传感器的哈苏 L1D-20c 相机，更大的传感器为相机带来了更多的画面细节、更好的宽容度和更强的暗光拍摄能力。

雪地上的大疆御 2 无人机

大疆御 2 无人机变焦版及其遥控器

大疆御 3 无人机

大疆御 3 是深圳市大疆创新科技有限公司于 2021 年 11 月发布的航拍无人机。

基本参数	
长 × 宽 × 高（毫米）	347.5×283×107.7
整机重量	0.895 千克
最大上升速度	8 米 / 秒
最大平飞速度	75.6 千米 / 时
最大飞行时间	46 分钟
最远续航里程	30 千米
相机有效像素	2000 万
电池容量	5000 毫安时

大疆御 3 配备瑞典哈苏公司为其量身打造的 L2D-20c 航拍相机，将专业级 4/3 CMOS 嵌入让人难以置信的小巧空间中，且从硬件性能到软件算法均以哈苏标准严格打造，让影像质量跃升至全新高度。大疆御 3 具备专业级影像性能，可拍出超高清、超高帧率的航拍画面。10-bit D-Log 可记录多达 10 亿种颜色，不仅能更细腻地呈现天空色彩的渐变层次，还能保留更多明暗细节，为后期制作提供宽广空间。

大疆御 3 具有定速巡航功能，用户无须持续打杆，也可操控无人机朝指定方向持续飞行。这不仅能让长距离飞行更省力，也能避免手动打杆时容易出现的画面抖动，实现更稳定的运镜效果。大疆御 3 能在飞行过程中时刻探测所有方向上的物体，并灵巧地避障绕行。在拍摄完成后，大疆御 3 的高级智能返航功能会自动计算出最佳路线并安全返航。它还可以先上升到指定高度，再寻找一条安全而快速的路线返航，将高级智能返航及传统返航两种模式的优势充分融合，用户可根据实际情况自行选择。

折叠后的大疆御 3 无人机

大疆御 3 无人机及其遥控器

大疆御 3 Classic 无人机

大疆御 3 Classic 是深圳市大疆创新科技有限公司于 2022 年 11 月发布的航拍无人机，其定位低于大疆御 3，售价也更低。

与大疆御 3 相比，大疆御 3 Classic 配备了相同的哈苏 L2D-20c 航拍相机，但没有配备 1/2 英寸 1200 万像素 CMOS 传感器的长焦相机。哈苏 L2D-20c 航拍相机具备专业级的 4/3 CMOS 传感器，支持 2000 万像素（5280×3956）、原生 12.8 档动态范围、F/2.8-F/11 可变光圈、3× 数码变焦，结合哈苏自然色彩解决方案（HNCS），每张照片都有“哈苏味”，并可拍摄 RAW 格式的 12-bit 色彩深度照片。视频方面，最高支持 5.1K/50fps、4K/60fps（超采样）、4K/120fps 慢动作录制格式。

基本参数	
长 × 宽 × 高（毫米）	347.5×283×107.7
整机重量	0.895 千克
最大上升速度	8 米 / 秒
最大平飞速度	21 千米 / 时
最大飞行时间	46 分钟
最远续航里程	30 千米
相机有效像素	2000 万
电池容量	5000 毫安时

大疆御 3 Classic 支持 10-bit HLG 色彩模式，无须后期处理即可在播放设备上呈现更高动态范围画面。同时支持 10-bit D-log，可呈现细腻的色彩渐变，保留更多明暗细节。此外，该无人机还新增了夜景视频功能，可进一步抑制噪点。

折叠状态的大疆御 3 Classic 无人机及其遥控器

大疆御 3 Classic 无人机展开状态

大疆御 Air 无人机

大疆御 Air 是深圳市大疆创新科技有限公司于 2018 年 1 月发布的航拍无人机。

大疆御 Air 采用直桨设计，可提升无人机的性能，同时使折叠后的机身尺寸达到最小，便于携带。该无人机主要有白色（雪域白）、黑色（曜石黑）、红色（烈焰红）三种配色。大疆御 Air 配备的三轴云台相机采用半隐蔽式设计，通过柔性橡胶与机体连接，在有限的机体空间里更利于保护相机。

基本参数	
长 × 宽 × 高（毫米）	168×184×64
整机重量	0.43 千克
最大上升速度	4 米 / 秒
最大平飞速度	68.4 千米 / 时
最大飞行时间	21 分钟
最远续航里程	10 千米
相机有效像素	1200 万
电池容量	2375 毫安时

大疆御 Air 的云台相机采用 1/2.3 英寸 1200 万像素 CMOS 传感器，最高支持 4K/30fps 视频录制，同时可以拍摄全高清 120fps 视频。该无人机增加了 HDR 功能，在逆光场景时可以通过合成多张照片获得宽容度更好的照片。该无人机还大幅度改良了球形全景功能的体验，只需要拍摄 25 张照片，就可以快速在机身合成一张 3200 万像素的照片，整个过程只需要 1 分钟。大疆御 Air 提供了包括前、后、下三个方向的感知系统，总计使用了 7 个摄像头。即使没有 GPS 信号或指南针受到干扰的情况下，也可以稳定地进行悬停，精确地进行推杆操作。

飞行中的大疆御 Air 无人机

大疆御 Air 无人机展开状态

大疆御 Air 2 无人机

大疆御 Air 2 是深圳市大疆创新科技有限公司于 2020 年 4 月发布的航拍无人机。

大疆御 Air 2 整体机身经过重新设计，气动性更好，普通档最大平飞速度提升至 43 千米 / 时，而且功耗更低，最大续航时间长达 34 分钟。标配遥控器拥有长达 240 分钟的续航时间，并采用人体工程学设计，握持感更佳。新夹持结构适配全面屏手机，操控体验更友好，连接手机时，还可为其充电，为拍摄多加一重保障。

基本参数	
长 × 宽 × 高（毫米）	183×253×77
整机重量	0.57 千克
最大上升速度	4 米 / 秒
最大平飞速度	68.4 千米 / 时
最大飞行时间	34 分钟
最远续航里程	18.5 千米
相机有效像素	1200 万
电池容量	3500 毫安时

大疆御 Air 2 搭载索尼 1/2 英寸 1200 万像素影像传感器，可以拍摄 4800 万像素照片和 4K/60fps 视频。得益于强大的硬件和算法，大疆御 Air 2 还可拍摄分辨率高达 8K 的移动延时视频。无须烦琐后期，飞行平台即可自动完成增稳拍摄和后期处理，让用户一键生成电影级延时视频。大疆御 Air 2 装有 OcuSync 2.0 图传系统，支持 2.4/5.8GHz 双频通信，能在飞行中智能识别通信质量的好坏，并为用户实时调整到最佳信道，从而提高抗干扰能力，即便周围环境复杂，也能实现可靠、流畅的图像传输。

大疆御 Air 2 无人机及其遥控器

大疆御 Air 2 无人机可以单手握持

大疆 Air 2S 无人机

大疆 Air 2S 是深圳市大疆创新科技有限公司于 2021 年 4 月发布的航拍无人机。

基本参数	
长 × 宽 × 高（毫米）	183×253×77
整机重量	0.595 千克
最大上升速度	6 米 / 秒
最大平飞速度	68.4 千米 / 时
最大飞行时间	31 分钟
最远续航里程	18.5 千米
相机有效像素	2000 万
电池容量	3500、3750 毫安时

大疆 Air 2S 将相机升级至 1 英寸 2000 万像素 CMOS 影像传感器，单像素尺寸高达 2.4μm，最高支持 5.4K（5472×3078）30fps 视频拍摄。同时，还支持 4K/60fps、1080P/120fps 视频拍摄，提供 H.264、H.265 两种编码，最大码率为 150Mbps。此外，还支持 10-bit Dlog-M 模式，可录制 10 亿种颜色视频，同时保留更多细节。大疆 Air 2S 支持拍摄 2000 万像素 RAW 格式照片，具有 12.6 档动态范围。智能 HDR 堆栈技术可以连续拍摄多张照片，显著提高动态范围。该无人机还将图传系统进行升级，最大图传距离由 10 千米升级至 12 千米。图传支持 2.4 GHz/5.8 GHz 频率自动切换，图传最大下载码率为 44Mbps。

大疆 Air 2S 搭载了 6 个视觉避障传感器，分别用于前方、上方、下方、和后方的避障，具有四向环境感知能力，最大程度减少“炸机”的概率。同时搭载 ADS-B 接收器，在附近出现载人飞机时可以自动提示避让，保证飞行安全。

大疆 Air 2S 无人机展开状态

单手握持大疆 Air 2S 无人机

大疆御 Mini 无人机

大疆御 Mini 是深圳市大疆创新科技有限公司于 2019 年 10 月发布的微型航拍无人机，主要面向入门用户和想要尝试无人机飞行、航拍的用户而推出。

基本参数	
长 × 宽 × 高（毫米）	159×202×55
整机重量	0.249 千克
最大上升速度	4 米 / 秒
最大平飞速度	46.8 千米 / 时
最大飞行时间	30 分钟
最远续航里程	4 千米
相机有效像素	1200 万
电池容量	1100 毫安时

大疆御 Mini 仅 249 克的机身重量与手机相当，符合多数国家和地区对微型无人机的重量要求，折叠后可轻松装进随身背包。该无人机采用 1/2.3 英寸 1200 万像素 CMOS 影像传感器，可拍摄 2.7K 30fps 和全高清 60fps 视频，以及 1200 万像素照片。有了 GPS 定位系统与下视传感器的双重保障，让大疆御 Mini 在室内或室外均可稳定悬停。它还具备自动返航功能，即使在电量不足或失去连接等极端情况下，大疆御 Mini 也能自动返回起飞点。下视传感器可帮助大疆御 Mini 探测地面，协助它稳定飞行和准确着陆。

大疆御 Mini 需要搭配新的 DJI Fly 应用程序使用，该应用程序集飞行、拍摄、剪辑、分享和教学于一体，其界面简洁，操作方便，并提供新手教程指导用户快速入门，帮助用户轻松掌握航拍技能。相比之前的应用程序，它拥有更大的画面显示区域，可以为用户带来更清晰的实时航拍画面。

飞行中的大疆御 Mini 无人机

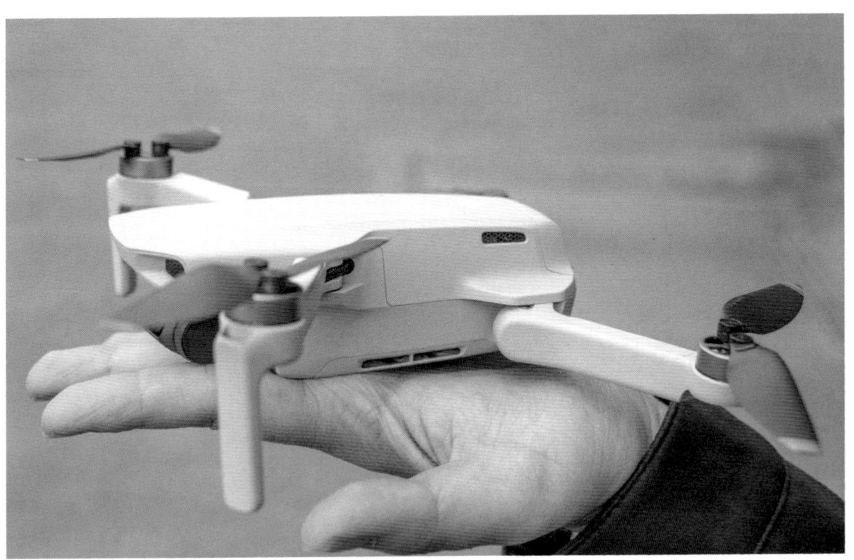

放在掌心的大疆御 Mini 无人机

大疆 Mini 2 无人机

大疆 Mini 2 是深圳市大疆创新科技有限公司于 2020 年 11 月发布的微型航拍无人机。

基本参数	
长 × 宽 × 高（毫米）	159×203×56
整机重量	0.249 千克
最大上升速度	5 米 / 秒
最大平飞速度	57.6 千米 / 时
最大飞行时间	31 分钟
最远续航里程	10 千米
相机有效像素	1200 万
电池容量	2250 毫安时

大疆 Mini 2 配备 1200 万像素航拍相机（采用 1/2.3 英寸 CMOS 影像传感器），最高可录制 4K/30fps 视频。同时配备三轴机械增稳系统，不论是定点悬停，还是高速飞行，画面始终稳定流畅。该无人机支持广角、180 度和球形全景拍摄，用户只需轻点一下，无人机可自动完成拍摄和后期处理，一键生成高分辨率的全景作品。

大疆 Mini 2 搭载 OcuSync 2.0 图传系统，图传距离远达 10 千米，抗干扰能力出众，画面稳定流畅。不论在城市还是旷野，用户都能借助高清图传画面操控无人机，将远方美景尽收于手中的屏幕。大疆 Mini 2 还是大疆首款支持手机快传功能的无人机，无须遥控器，将手机靠近飞行器，应用程序就会自动识别并连接飞行器，然后以最大 20Mb/s 的速度将用户的作品同步到手机相册。

大疆 Mini 2 无人机展开状态

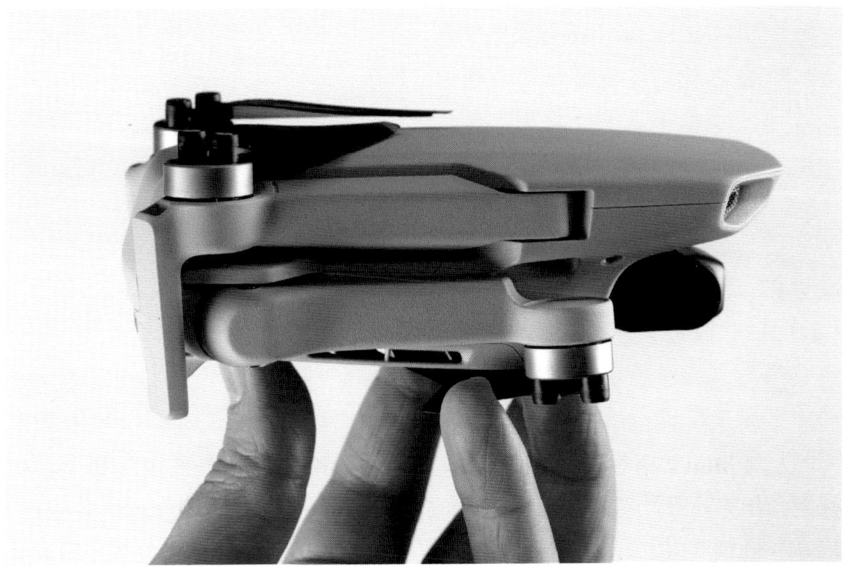

大疆 Mini 2 无人机折叠状态

大疆 Mini SE 无人机

大疆 Mini SE 是深圳市大疆创新科技有限公司于 2021 年 7 月发布的微型航拍无人机。

基本参数	
长 × 宽 × 高（毫米）	159×203×56
整机重量	0.249 千克
最大上升速度	4 米 / 秒
最大平飞速度	46.8 千米 / 时
最大飞行时间	30 分钟
最远续航里程	4 千米
相机有效像素	1200 万
电池容量	2250 毫安时

大疆 Mini SE 采用折叠收纳的形式，折叠之后的体积非常小，甚至还没有一个成年人的手掌大，即使是出国旅行，带着它也非常方便。作为一款入门级的无人机，它的影像系统也是为了满足入门级用户而设计的。大疆 Mini SE 的相机采用 1/2.3 英寸 1200 万像素 CMOS 影像传感器，该影像系统与目前的很多手机相同，能够轻松满足入门级用户对于视频质量的需求。该无人机可以拍摄 2.7K/30fps 视频和 1200 万像素照片。其图传系统可以支持最远 4 千米的高清图传，图传画面能够满足 720P/30fps 的效果。

大疆 Mini SE 预设了 4 种航拍模式，分别是渐远、冲天、环绕、螺旋。用户只需轻点几下就能获得具有专业水准的画面。设置完目标后，大疆 Mini SE 会自动计算航拍路线，实现渐远、冲天、环绕、螺旋等效果，让用户的作品兼具精妙运镜与宽广视角，在社交网络中脱颖而出。

大疆 Mini SE 无人机展开状态

飞行中的大疆 Mini SE 无人机

大疆 Mini 3 Pro 无人机

大疆 Mini 3 Pro 是深圳市大疆创新科技有限公司于 2022 年 5 月发布的微型航拍无人机。

基本参数（长续航智能飞行电池）	
长 × 宽 × 高（毫米）	251×362×70
整机重量	0.249 千克
最大上升速度	5 米 / 秒
最大平飞速度	57.6 千米 / 时
最大飞行时间	47 分钟
最远续航里程	25 千米
相机有效像素	4800 万
电池容量	3850 毫安时

大疆 Mini 3 Pro 采用全新的产品构型设计，通过改变机身倾角和增大桨叶面积，不仅降低了风阻，动力效能也大幅提升，令大疆 Mini 3 Pro 的续航取得显著突破。同时该无人机也扩大了障碍物感知范围，实现了灵活流畅的避障效果。云台转动范围也得以拓宽，无论是无损竖拍，还是大角度仰拍，都不在话下，从而赋予了视觉创作更多可能性。微型机身采用可折叠设计，收纳便捷，可轻松放进口袋。其重量仅有 249 克，在大部分国家 / 地区无须注册或培训即可快速起飞。

大疆 Mini 3 Pro 的相机采用 1/1.3 英寸 CMOS 传感器，支持双原生 ISO、HDR 等，支持 HDR 图像直出（相机将拍摄的图像以未经过任何处理的方式直接输出到储存设备），还支持 D-Cinelike 色彩模式。该无人机支持 4K/60fps 视频和 48MP RAW 照片拍摄，还支持 1080p/120fps 慢动作视频录制以及 4 倍数码变焦，支持 180 度、广角、垂直和球形全景拍摄。大疆 Mini 3 Pro 搭载 DJI O3 旗舰级图传系统，可支持 12 千米的图传距离以及 1080p/30fps 的实时馈送，支持最高 30 Mb/s 的 Wi-Fi 下载速度。

低飞的大疆 Mini 3 Pro 无人机

单手握持大疆 Mini 3 Pro 无人机

大疆 Mini 3 无人机

大疆 Mini 3 是深圳市大疆创新科技有限公司于 2022 年 12 月发布的微型航拍无人机。

基本参数（长续航智能飞行电池）	
长 × 宽 × 高（毫米）	251×362×72
整机重量	0.249 千克
最大上升速度	5 米 / 秒
最大平飞速度	57.6 千米 / 时
最大飞行时间	51 分钟
最远续航里程	25 千米
相机有效像素	1200 万
电池容量	3850 毫安时

大疆 Mini 3 采用可折叠机身，重量仅有 249 克，小巧轻便。外出时可放进口袋随身携带。其相机采用 1/1.3 英寸传感器，支持双原生 ISO 和芯片级 HDR 技术，可录制 4K HDR 视频，还原真实色彩。创新云台构型设计，不仅可实现大角度仰拍，更可一键切换至无损竖拍模式。不论是拍摄葱郁大树，还是山间溪流，都能赋予画面更强的视觉冲击。大疆 Mini 3 支持无线 Wi-Fi 直连，连接后可快速剪辑，一键成片。且素材无须下载，从而有效节省手机存储空间。

大疆 Mini 3 具有一键起飞功能，用户确认安全起飞条件后，点击自动起飞按钮，即可开启飞行之旅。GNSS 模块配合下视觉系统及红外传感系统，能够让无人机精准稳定悬停。该无人机具有自动返航功能，支持智能返航、低电量返航及失控返航。如遇遥控器信号中断等情况，无人机将自动返回起飞点。

飞行中的大疆 Mini 3 无人机

大疆 Mini 3 无人机及其遥控器

大疆 Mini 2 SE 无人机

大疆 Mini 2 SE 是深圳市大疆创新科技有限公司于 2023 年 2 月发布的微型航拍无人机。

大疆 Mini 2 SE 的重量仅有 249 克，可以轻松放在手掌上，低重量、小尺寸和折叠式机腿使其非常便携。除了单独销售该无人机外，大疆还提供畅飞套装，除了无人机，该套装额外包含两块智能飞行电池、充电管家、单肩包、束桨器、备用螺旋桨等实用配件。

基本参数	
长 × 宽 × 高（毫米）	245×289×56
整机重量	0.249 千克
最大上升速度	5 米 / 秒
最大平飞速度	57.6 千米 / 时
最大飞行时间	31 分钟
最远续航里程	10 千米
相机有效像素	1200 万
电池容量	2250 毫安时

大疆 Mini 2 SE 的相机被安装在一个三轴万向节上，其采用 1/2.3 英寸 CMOS 影像传感器，能够拍摄 2.7K 视频或 1200 万像素照片。该无人机具有 QuickShots 和 Panorama 模式，能够轻松地拍摄出更有创意的视频和照片，在拍摄高清视频时，还支持 4 倍数码变焦功能。大疆 Mini 2 SE 具有 5 级抗风能力，能够在 10.7 米 / 秒的风力下稳定地悬停。但与大疆 Mini 3 Pro 不同，大疆 Mini 2 SE 没有避障传感器。

大疆 Spark 无人机

大疆 Spark 是深圳市大疆创新科技有限公司于 2017 年 5 月发布的微型航拍无人机。

基本参数	
长 × 宽 × 高 (毫米)	143×143×55
整机重量	0.3 千克
最大上升速度	3 米 / 秒
最大平飞速度	50 千米 / 时
最大飞行时间	16 分钟
最远遥控距离	2 千米
相机有效像素	1200 万
电池容量	1480 毫安时

大疆 Spark 的外观轮廓和大疆御类似，但体积缩小一圈，并有红、黄、蓝、绿四种配色。机身下面有一组红外测高模块和一个定位的摄像头，机身后面有飞行器的电池及电池开关按键，盖子里是内存卡卡槽和 Micro USB 接口。大疆 Spark 的电池设计小巧精致，设计有触地脚垫、外置充电触点、电量指示 LED 灯以及固定锁扣。

大疆 Spark 的相机采用 1/2.3 英寸 CMOS 影像传感器和专业航拍镜头，拥有两轴机械稳定云台和 UltraSmooth 技术，能保证画面的清晰和稳定。大疆 Spark 除了支持 1200 万像素拍照和全高清 30fps 视频拍摄外，还支持景深和全景拍摄，全景拍摄分为广角和竖拍模式。用户选择景深拍摄后，按下拍摄键，大疆 Spark 就会先拍摄一系列图片。在回放界面点击右下角的景深效果图标后，用户可以手动选择对焦主体，并通过上下拖动调节模拟的光圈大小效果。

道通智能 EVO Nano 无人机

道通智能 EVO Nano 是深圳市道通智能航空技术股份有限公司于 2021 年 9 月发布的微型航拍无人机。

道通智能 EVO Nano 拥有丹霞橙、深空灰、冰川白、赤焰红四种配色选项，可以满足用户对于产品不同色彩的要求。该无人机只有手掌大小，重量只有 249 克，基本上与一部智能手机重量相当，折叠后甚至可以轻松放进腰包，便携性很强。道通智能 EVO Nano 拥有前、后、下三个方向双目视觉传感器实时感知周边障碍物信息，对于没有经验的用户，安全性更高。

基本参数	
长 × 宽 × 高 (毫米)	260×325×55
整机重量	0.249 千克
最大上升速度	5 米 / 秒
最大平飞速度	54 千米 / 时
最大飞行时间	28 分钟
最远遥控距离	10 千米
相机有效像素	4800 万
电池容量	2250 毫安时

道通智能 EVO Nano 配备的航拍相机采用 1/2 英寸 4800 万像素 CMOS 影像传感器，最高可录制 4K/30fps 高清视频，并支持 HDR 照片拍摄与视频录制。

飞行中的道通智能 EVO Nano 无人机

道通智能 EVO Nano 无人机折叠状态

道通智能 EVO Nano+ 无人机

道通智能 EVO Nano+ 是深圳市道通智能航空技术股份有限公司于 2021 年 9 月发布的微型航拍无人机。

基本参数	
长 × 宽 × 高（毫米）	260×325×55
整机重量	0.249 千克
最大上升速度	5 米 / 秒
最大平飞速度	54 千米 / 时
最大飞行时间	28 分钟
最远遥控距离	10 千米
相机有效像素	5000 万
电池容量	2250 毫安时

道通智能 EVO Nano+ 和道通智能 EVO Nano 的外观造型和动力系统基本相同，主要区别在于航拍相机。道通智能 EVO Nano+ 配备的航拍相机采用 1/1.28 英寸 5000 万像素 CMOS 影像传感器，配合 f/1.9 超大光圈，暗光下依然能够呈现清晰画面。PDAF+CDAF 混合式对焦系统，实现毫秒级自动对焦。道通智能 EVO Nano+ 可拍摄 HDR 视频及照片，实现高动态场景下深度优化高光及阴影部分画质，呈现出丰富的细节和层次感。

道通智能 EVO Nano+ 的最大飞行时间可达 28 分钟，足以应对绝大多数日常拍摄需求。另外，该无人机还集成了道通智能全新一代 Autel SkyLink 图传技术，1 千米内图传分辨率可达 2.7K，同时能提供长达 10 千米的图像传输和飞行控制，抗干扰能力很强。为了配合无人机，道通智能还推出了 Autel Sky 应用程序，其操作比较简单，例如航拍人像模式预设了近、中、远三种景别，用户只需在应用程序上框选拍摄对象，无人机即可主动飞至相应方位，自动调节拍摄角度和曝光度。

道通智能 EVO Nano+ 无人机尾部特写

飞行中的道通智能 EVO Nano+ 无人机

道通智能 EVO Lite 无人机

道通智能 EVO Lite 是深圳市道通智能航空技术股份有限公司于 2021 年 9 月发布的航拍无人机。

基本参数	
长 × 宽 × 高（毫米）	433×516×95
整机重量	0.835 千克
最大上升速度	5 米 / 秒
最大平飞速度	64.8 千米 / 时
最大飞行时间	40 分钟
最远遥控距离	12 千米
相机有效像素	5000 万
电池容量	6175 毫安时

道通智能 EVO Lite 采用创新的四轴云台设计，搭载 5000 万像素超感知摄像头和 1/1.28 英寸 CMOS 影像传感器，采用 RYYB 滤色阵列设计，比传统 RGGB 阵列多吸收 40% 光线，保证了夜间也拥有充足的进光量。道通智能 EVO Lite 的面世打破了以往消费级无人机仅支持横屏拍摄的创作局限，该无人机在遥控器上安装竖拍支架后，旋转手机即可实现横 / 竖屏航拍画面的切换，可以直接输出 4K/60fps 的影像画面，这点对于默认采用竖屏显示的短视频平台来说非常友好。

当用户拍摄完成后，可通过手机上的 Autel Sky 应用程序连接道通智能 EVO Lite，通过道通智能全新一代的 Autel SkyLink 图传技术，1 千米内图传分辨率可达 2.7K，同时最远可支持 12 千米的图传距离，能够即时下载实拍画面。此外，Autel Sky 应用程序还集成了多种影像创作模式以及强大易用的编辑器，对于后期制作来说也相当方便。

飞行中的道通智能 EVO Lite 无人机

道通智能 EVO Lite 无人机折叠状态

道通智能 EVO Lite+ 无人机

道通智能 EVO Lite+ 是深圳市道通智能航空技术股份有限公司于 2021 年 9 月发布的航拍无人机。

基本参数	
长 × 宽 × 高（毫米）	433×516×95
整机重量	0.835 千克
最大上升速度	5 米 / 秒
最大平飞速度	64.8 千米 / 时
最大飞行时间	40 分钟
最远遥控距离	12 千米
相机有效像素	2000 万
电池容量	6175 毫安时

道通智能 EVO Lite+ 和道通智能 EVO Lite 的外观造型和动力系统基本相同，主要区别在于云台和航拍相机。道通智能 EVO Lite 采用四轴增稳云台，支持横、竖、倾斜、旋转摄影，而道通智能 EVO Lite+ 采用三轴增稳云台，航拍相机采用 1 英寸 2000 万像素 CMOS 影像传感器，支持 f/2.8 ～ f/11 的可变光圈调节，可录制 6K/30fs 视频，并且采用了道通智能自研的超感光算法，从而保证道通智能 EVO Lite+ 在暗光环境下也有出众的成像表现。基于 HDR 堆栈技术，该无人机在拍摄明暗对比强烈的场景和逆光人像时，可自动平衡过曝或者欠曝，让画面呈现更丰富的层次和更清晰的图像。

道通智能 EVO Lite+ 有丹霞橙、深空灰、冰川白三种配色可选，整体设计简洁大方，配合独特的撞色设计，视觉效果极为出色。其机身前、后、下三个方向各配备了两路广角视觉传感器，前视双目感知范围可达 150 度，更宽广的避障感知范围，赋予了无人机更稳定的飞行安全保障。

道通智能 EVO Lite+ 无人机正前方视角

单手握持道通智能 EVO Lite+ 无人机

道通智能 EVO II 无人机

道通智能 EVO II 是深圳市道通智能航空技术股份有限公司于 2020 年 4 月发布的航拍无人机。

基本参数	
长 × 宽 × 高（毫米）	457×558×108
整机重量	1.127 千克
最大上升速度	8 米 / 秒
最大平飞速度	72 千米 / 时
最大飞行时间	40 分钟
最远遥控距离	9 千米
相机有效像素	4800 万
电池容量	7100 毫安时

道通智能 EVO II 是道通智能首款 8K 折叠式无人机，视频分辨率高达 7680×4320，4 倍于 4K 的超高清影像，精细入微塑造了栩栩如生的细节，带来令人震撼的视觉体验，激发创作的灵感。支持 4K HDR 视频，16EV 曝光控制，单帧内融合长、中、短三种曝光，尽收亮暗细节。全新 10-bit A-log，能够记录 10 亿种不同颜色，还原最真实世界。道通智能 EVO II 支持航拍画面多端口 HDMI 高清实时输出，从而满足投屏监看与视频直播需求。

道通智能 EVO II 机身配备 12 路视觉传感器，融合主相机、超声波、IMU 等 19 组传感器，可以实时构建三维地图和规划路径，实现多角度全方位避障，轻松穿越丛林、高山、城市等复杂地带。该无人机能同时识别 64 个物体，再小的目标，也能实现快速、精准锁定，同时对目标的位置、速度进行建模，准确预判目标运动轨迹，并实现持续跟踪。

飞行中的道通智能 EVO II 无人机

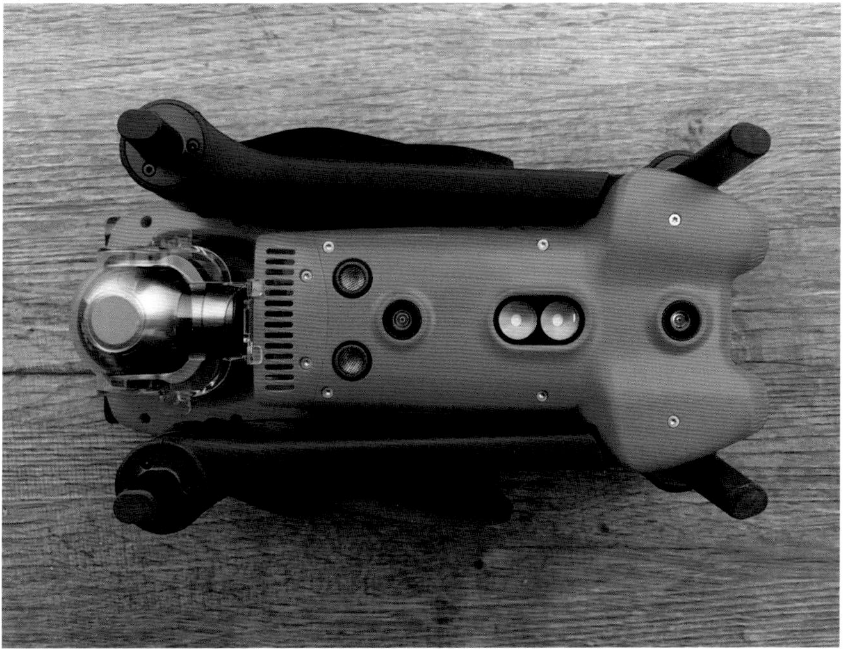

道通智能 EVO II 无人机折叠状态

道通智能 EVO II Pro V2 无人机

道通智能 EVO II Pro V2 是深圳市道通智能航空技术股份有限公司于 2020 年 4 月发布的航拍无人机。

基本参数	
长 × 宽 × 高（毫米）	457×558×108
整机重量	1.191 千克
最大上升速度	8 米 / 秒
最大平飞速度	72 千米 / 时
最大飞行时间	40 分钟
最远遥控距离	9 千米
相机有效像素	2000 万
电池容量	7100 毫安时

道通智能 EVO II Pro V2 是道通智能首款 6K 折叠式无人机，采用索尼新一代 1 英寸 2000 万像素超感光 CMOS 图像传感器，支持高达 6K 的视频分辨率，具备更大的动态范围、更强的噪点抑制能力、更高的帧率。f/2.8 ～ f/11 可调光圈，无论在明亮还是昏暗的光照环境中，都能通过调节光圈，获得出色的影像表现。10-bit A-log 色彩模式，可以记录多达 10 亿种色彩，同时还能保留丰富的亮暗细节，为后期创作提供更大的自由度。

道通智能 EVO II Pro V2 的遥控器自带显示屏，可选择连接手机进行双屏操作，或仅通过遥控器就可以完成飞行和拍摄任务。用户只需在遥控端下达飞行指令，便能轻松实现指向飞行、环绕飞行、任务飞行、地形跟随等智能作业。用户还可选配智能黑盒实现航拍画面多端口 HDM 高清实时输出，满足投屏观看与视频直播的需求。

道通智能 EVO II Pro V2 无人机折叠状态

道通智能 EVO II Pro V2 无人机遥控器

道通智能 EVO II Pro V3 无人机

道通智能 EVO II Pro V3 是深圳市道通智能航空技术股份有限公司于2020 年 4 月发布的航拍无人机。

基本参数	
长 × 宽 × 高（毫米）	457×558×108
整机重量	1.191 千克
最大上升速度	8 米 / 秒
最大平飞速度	72 千米 / 时
最大飞行时间	40 分钟
最远遥控距离	15 千米
相机有效像素	2000 万
电池容量	7100 毫安时

相比道通智能 EVO II Pro V2，道通智能 EVO II Pro V3 主要增强了图传性能，图传距离更远。它采用 Autel SkyLink 2.0 图传技术，支持 2.4GHz、5.8GHz、900MHz 三个频段的传输，图传距离最远可达 15 千米，1 千米内图传画质可达到 2.7K，并可根据实际环境自适应切换传输频段，保障信号传输稳定流畅，为拍摄作业保驾护航。此外，标配遥控器的显示屏尺寸从 3.6 英寸增加至 6.4 英寸。

道通智能 EVO II Pro V3 的航拍相机同样采用了索尼 1 英寸 2000 万像素超感光 CMOS 传感器，配备 f/2.8 ～ f/11 可调光圈。基于超感光算法 2.0，道通智能 EVO II Pro V3 在拍摄夜景视频时，将自动大幅提高 ISO（最高 44000），同时会对画面进行降噪处理，用户无须手动设置快门速度，即可直出干净明亮、无噪点的夜景视频。该无人机支持拍摄 12bit DNG 照片，能够记录多达 686 亿种颜色，显色能力为 10-bit 的 64 倍，因此不会出现色彩断层等现象，使得后期调色更方便。

道通智能 EVO II Pro V3 无人机及其遥控器

道通智能 EVO II Pro V3 无人机（橙色）和大疆 Air 2S 无人机（银色）

逗映 iDol 无人机

逗映 iDol 是深圳市逗映科技有限公司于 2018 年 6 月发布的航拍无人机。

基本参数	
长 × 宽 × 高（毫米）	226×268×43
整机重量	0.36 千克
工作环境温度	5℃～40℃
最大飞行时间	15 分钟
最远遥控距离	100 米
最远图传距离	50 米
相机有效像素	200 万
电池容量	1800 毫安时

逗映 iDol 采用空气动力学原理进行机身设计，选用灰蓝色作为基础色，搭配少许橘红色，稳重不失活泼。机身表面的晒纹效果不仅颇具高级质感，还具有防刮性能。该无人机采用轻量化的设计思路，保证飞行效率的同时尽可能减轻重量，减轻用户携带的负担。

逗映 iDol 可录制 1080P/30fps 视频，也可拍摄 1920×1080 分辨率的静态照片。其电子增稳系统搭载 3D 降噪算法，使画质更加细腻、通透。在智能跟踪模式下，逗映 iDol 可以自动跟踪轮廓比较分明的人形或物体，并以一定角度追踪拍摄。运动中，无人机镜头时刻锁定画面主角，使跟拍飞行得心应手。720P 高清图传通过手机应用程序实时查看影像，把握每一刻的精彩画面。拍摄完成后还能同步到手机相册，一键分享到微博、微信等社交平台。

折叠后的逗映 iDol 无人机

逗映 iDol 无人机的纸盒包装及所有配件

昊翔台风 Q500 无人机

昊翔台风 Q500（Typhoon Q500）是中国昊翔电能运动科技（昆山）有限公司于 2014 年发布的航拍无人机。

昊翔台风 Q500 与常见的入门级航拍无人机类似，机身以工程塑料制成，在保持强度的前提下减轻了整机重量，利于延长续航时间。该无人机机身黑白两色的设计显得比较时尚。对角线轴距为 565 毫米，使用正反自紧螺旋桨，拆装时无须专用工具。螺旋桨在电机转动后会越来越紧，大大减少了螺旋桨脱落的危险。

基本参数	
长 × 宽 × 高 (毫米)	420×420×240
整机重量	1.7 千克
最大上升速度	2 米 / 秒
最大平飞速度	25.2 千米 / 时
最大飞行时间	25 分钟
最远遥控距离	1 千米
相机有效像素	200 万
电池容量	5400 毫安时

昊翔台风 Q500 的产品设计理念是“到手即飞”，用户到手后无须组装和另购任何附件，充好电就能飞。该无人机配有三轴云台、CGO2-GB 云台相机及 5.8GHz 远距离实时数字图传，可拍摄 1080P/60fps 视频及 200 万像素静态照片。ST10 遥控器采用安卓系统，内置 2.4GHz 无线控制发射器，配有 4.5 英寸触控显示屏，可以实时观看空中镜头的取景画面。

昊翔台风 Q500+ 无人机

昊翔台风 Q500+ 是中国昊翔电能运动科技（昆山）有限公司于 2015 年发布的航拍无人机。

昊翔台风 Q500+ 是在昊翔台风 Q500 的基础上改进而来的中小型四轴无人机，其轴距约 550 毫米，使用 13 英寸螺旋桨。相较于昊翔台风 Q500，昊翔台风 Q500+ 把内置相机的鱼眼镜头换成了非鱼眼广角镜头，画面四周没有鱼眼变形。遥控器内置的触控显示屏尺寸由 4.3 英寸增加至 5.5 英寸，使画面细节更清楚。

基本参数	
长 × 宽 × 高 (毫米)	420×420×240
整机重量	1.7 千克
最大上升速度	2 米 / 秒
最大平飞速度	25.2 千米 / 时
最大飞行时间	25 分钟
最远遥控距离	1 千米
相机有效像素	200 万
电池容量	5400 毫安时

相较于零度探索者或者大疆精灵 3，昊翔台风 Q500+ 的优势是体积更大，抗风性和稳定性更好，而且螺旋桨的噪声更小。不过，该无人机体积更大也导致其便携性变差。昊翔台风 Q500+ 带有动作速度无级调节，飞行手感比较柔和，没有太多突兀的动作，更适合新手操作。

昊翔台风 Q500 4K 无人机

昊翔台风 Q500 4K 是中国昊翔电能运动科技（昆山）有限公司于 2015 年发布的航拍无人机。

基本参数	
长 × 宽 × 高 (毫米)	420×420×240
整机重量	1.7 千克
最大上升速度	2 米 / 秒
最大平飞速度	25.2 千米 / 时
最大飞行时间	25 分钟
最远遥控距离	1 千米
相机有效像素	1200 万
电池容量	5400 毫安时

昊翔台风 Q500 4K 主打的是 4K 拍摄功能，其配备了三轴稳定云台和 CGO3 云台相机，1/2.3 英寸 CMOS 影像传感器，最大视角 115 度，等效全幅 14 毫米焦距。支持 4K/30fps、2.7K/30fps、1080P/120fps 视频拍摄，以及 1200 万像素照片拍摄。遥控器自带 5.5 英寸触控显示屏，分辨率为 854×480，基于安卓系统。该无人机配备了 5.8GHz 图传系统，图传距离为 800 米。存储介质为 Micro SD 卡，支持最大容量 128GB 的存储卡。

昊翔台风 Q500 4K 使用前无须校准、无须遥控器配对，这些工作出厂时已经做好。其默认飞行高度为高于地平面 122 米，最大翻滚角度为 35 度。昊翔台风 Q500 4K 拥有智能（自动）、飞行员（手动）、回航三种模式，其中智能模式就是跟随模式，相机锁定飞手（无人机操控员），并持续跟随，适合在自驾、骑行等条件下拍摄。

昊翔台风 Q500 4K 无人机及其遥控器

飞行中的昊翔台风 Q500 4K 无人机

昊翔台风 G 无人机

昊翔台风 G 是中国昊翔电能运动科技（昆山）有限公司于 2015 年发布的航拍无人机。

基本参数	
长 × 宽 × 高（毫米）	420×420×240
整机重量	1.7 千克
最大上升速度	2 米 / 秒
最大平飞速度	25.2 千米 / 时
最大飞行时间	25 分钟
最远遥控距离	1 千米
相机有效像素	无内置相机
电池容量	5400 毫安时

昊翔台风 G 可以算是昊翔台风 Q500 的 GoPro 版本，该无人机没有搭载昊翔自产的 CGO3 云台相机，而是对 GoPro 运动相机提供了兼容。用户可以自行购买 GoPro HERO4 系列运动相机与之搭配使用。昊翔台风 G 拥有智能（自动）、飞行员（手动）和回航三种模式，智能模式即为跟随模式，可以跟着飞手一起运动，此时相机画面会锁定飞手，即使一个人操控，也能拍出有趣的视频。

昊翔台风 G 的动力系统与昊翔台风 Q500 一致，默认最大飞行高度为地平面以上 122 米，用户可以自行解锁。该无人机配备 GB203 云台，三轴稳定，并带有 MK 58 数字图传系统，它是用来与 GoPro 搭配使用的。该无人机通过 MK 58 数字图传系统，可以将 GoPro 相机拍摄的画面实时传输到 ST10+ 遥控器上，图传距离为 600 米。ST10+ 遥控器采用安卓系统，并自带 5.5 英寸显示屏。

昊翔台风 H 无人机

昊翔台风 H 是中国昊翔电能运动科技（昆山）有限公司于 2016 年 1 月发布的航拍无人机。

基本参数	
长 × 宽 × 高 (毫米)	520×456×296
整机重量	1.965 千克
最大上升速度	5 米 / 秒
最大平飞速度	48.6 千米 / 时
最大飞行时间	22 分钟
最远遥控距离	1.6 千米
相机有效像素	1240 万
电池容量	5400 毫安时

昊翔台风 H 采用碳纤维机身、六轴可折叠式设计，带有自动升降的起落架。机身底部是 CGO3+ 云台相机，支持 360 度旋转，最高可拍摄 1200 万像素的静态照片，最高支持 4K/30fps 的视频录制，1080P 分辨率下可以达到 120fps。昊翔台风 H 搭配 ST16 遥控器进行控制，简单直观。ST16 遥控器采用安卓系统，配备 7 英寸显示屏，可以实时查看 720P 高清航拍视频。

昊翔台风 H 具备跟拍模式，并且手动模式和自动跟随模式下都能实现自动避障功能。该无人机拥有红外、可见光和超声波三种避障方式，搭配内部的高性能英特尔芯片，它能够实时、快速地处理数据，并让无人机做出正确的避让选择。昊翔台风 H 可以识别拦网、树梢甚至是遥控天线这样的物体。

昊翔台风 H480 无人机

昊翔台风 H480 是中国昊翔电能运动科技（昆山）有限公司于 2016 年发布的航拍无人机。

基本参数	
长 × 宽 × 高（毫米）	520×457×310
整机重量	1.965 千克
最大上升速度	5 米 / 秒
最大平飞速度	48.6 千米 / 时
最大飞行时间	25 分钟
最远遥控距离	1.6 千米
相机有效像素	1240 万
电池容量	5400 毫安时

昊翔台风 H480 配备了 360 度旋转的准三轴云台一体式相机，脚架可收缩，可拍摄 4K 视频及 1200 万像素的照片，支持 720P 高清图传。ST16 遥控器自带 7 英寸触控显示屏。该无人机拥有超声波避障、飞手环绕、兴趣点环绕、智能跟随等众多高科技功能。

昊翔台风 H480 支持双控模式，即飞手专心控制飞行、云台手负责取景与拍摄。用户可以选择再购买一个 ST16 遥控器，一个遥控器控制飞行，另一个遥控器可以控制云台的水平旋转与俯仰。此外，该无人机还有一种更经济也更适合新手的搭配方案，即 ST16 遥控器控制相机、魔棒控制飞行。魔棒通过按键与不同的垂直角度来实现飞行控制，可以实现遥控器上的绝大部分功能。此外还支持“指哪儿飞哪儿”功能，可在地图上指定目标点后让无人机自动飞向目标点。魔棒也带有 GPS，可以作为自动跟踪的信标。

昊翔台风 H Plus 无人机

昊翔台风 H Plus 是中国昊翔电能运动科技（昆山）有限公司于 2018 年 6 月发布的航拍无人机。

基本参数	
长 × 宽 × 高 (毫米)	556×485×305
整机重量	1.965 千克
最大上升速度	4 米 / 秒
最大平飞速度	48.6 千米 / 时
最大飞行时间	25 分钟
最远遥控距离	1.6 千米
相机有效像素	2000 万
电池容量	5250 毫安时

昊翔台风 H Plus 拥有全新的 PX4 飞控平台，多种智能飞行模式可供飞手选择，如跟随模式、兴趣点环绕功能和多航点预设功能等。C23 云台相机内置 1 英寸 CMOS 影像传感器，可拍摄 2000 万像素的照片，支持 4K/60fps 视频录制，动态范围、信噪范围和信噪比均有显著提升。通过对无人机芯片的合理设计，其进气性能显著增强，并且拥有更好的冷却效果。全新升级的 ST16 遥控器的显示屏亮度更高，新增的 USB 接口和优化的界面设计为用户带来了更好的使用体验。

昊翔台风 H Plus 具有飞手环绕、兴趣点环绕、折返飞行、跟随、影像动态追踪、多航点预设、自动返航等多种功能。该无人机可选配英特尔实感模块。航拍过程中，Real Sense 实时感知技术与跟随模式完美契合，建立起一个 3D 世界模型，使无人机能够感知并避开障碍物。用户只需专注于拍摄目标，而不必担心撞到障碍物。

昊翔轻风无人机

昊翔轻风（Breeze）是中国昊翔电能运动科技（昆山）有限公司于2016年发布的微型航拍无人机。

基本参数	
长 × 宽 × 高（毫米）	196×196×65
整机重量	0.385 千克
最大上升速度	1 米 / 秒
最大平飞速度	18 千米 / 时
最大飞行时间	12 分钟
最远遥控距离	0.1 千米
相机有效像素	1300 万
电池容量	1150 毫安时

昊翔轻风采用了微型无人机中相对较大的机身，能收纳更大容量的电池，提供更长的续航时间。同时也有足够的空间加入专门控制镜头的无刷电机提升拍摄效果。另外，它也没有采用微型无人机常见的折叠式设计，而是采用固定式设计，并且在4个轴臂上加入了导风孔，把螺旋桨的部分扰流导入机身，借此降低机身温度，避免机体因过热而失灵。

昊翔的旗舰无人机昊翔台风H一直被指设计过于复杂，而昊翔轻风引入了航拍机的“环绕模式”和“旅途模式”之后，就能通过简单的图像界面，设定飞行路线，然后昊翔轻风就会自动执行拍摄任务。昊翔轻风可拍摄4K照片和4K/30fps、1080P/30fps、720P/60fps视频，照片格式为JPEG，视频格式为MOV。

昊翔轻风无人机准备起飞

飞行中的昊翔轻风无人机

华科尔 Vitus 无人机

华科尔 Vitus 是广州市华科尔科技股份有限公司于 2016 年 9 月发布的航拍无人机。

基本参数	
长 × 宽 × 高（毫米）	229×279×113
整机重量	0.87 千克
最大起飞海拔高度	3 千米
最大抗风等级	5 级
最大飞行时间	25 分钟
最远遥控距离	1.5 千米
相机有效像素	1200 万
电池容量	5200 毫安时

华科尔 Vitus 采用折叠设计，机臂、脚架、桨叶均可折叠。虽然机身体积较小，但并未牺牲航拍性能，它配备了专门设计的小型三轴增稳云台，可以有效消除飞行过程中造成的影像抖动，从而获得更稳定、更流畅的航拍画面。华科尔 Vitus 采用红外 TOF 技术，通过 3 个高精度传感器打造的智能避障系统，能够识别前、左、右三个方向上 5 米以外的障碍物并进行刹车减速，防止因误操作带来的风险。GPS、Glonass 双模卫星定位系统能够精确、快速地获得卫星定位信号，实现稳定的定高定点悬停。此外，机身底部还配备了红外线传感器和光流摄像头，每秒可以拍摄 50 张照片进行飞行定位，即使在室内或无卫星信号的环境下也能精准悬停。

华科尔 Vitus 支持拍摄 4K/30fps、1080P/60fps 视频与 1200 万像素照片，85 度超低畸变率广角镜头，可保留原汁原味的细节。用户可通过 Walkera drone 应用程序，实时监控飞行姿态、位置、航向和速度，并可实现一键起降、失控返航、航线规划、环绕飞行等操作。

华科尔 T210 Mini 无人机

华科尔 T210 Mini 是广州市华科尔科技股份有限公司于 2022 年 12 月发布的航拍无人机。

基本参数	
长 × 宽 × 高（毫米）	167.4×217.8×57
整机重量	0.249 千克
最大上升速度	8 米 / 秒
最大平飞速度	90 千米 / 时
最大飞行时间	30 分钟
最远遥控距离	5 千米
相机有效像素	4800 万
电池容量	5000 毫安时

华科尔 T210 Mini 采用折叠设计，展开后的轴距仅有 241.6 毫米，折叠后的机身尺寸为 143 毫米 × 82.8 毫米 × 57 毫米，相当于一个可乐罐的大小。该无人机折叠后可轻松放入口袋，收纳便携，展开即飞。同时搭载视觉光流 + TOF 定位系统，可适用更多飞行场景，在室内也能稳定飞行。配套的 WKRC-H9 遥控器同样采用折叠设计。当处于非平整地面或者移动载体等不适合自动起飞的场景下，华科尔 T210 Mini 可以使用抛飞的起飞方式，大大提高了无人机的起飞场景适应能力和可玩性。

华科尔 T210 Mini 拥有极其可靠的影像系统，其体积较小，却搭载了三轴机械增稳云台，从而保证拍摄稳定。相机采用 1/2.3 英寸 4800 万像素 CMOS 影像传感器，配备 f/2.6 光圈和 83 度超低畸变率广角镜头，最高可录制 4K/30fps 超高清视频。华科尔 T210 Mini 有多种预设的短片拍摄模式，用户只需一键操作，即可实现多种专业运镜，轻松拍出各种高难度镜头。

禾启 Swan-K1 Pro 无人机

禾启 Swan-K1 Pro 是深圳市禾启智能科技有限公司于 2020 年 9 月发布的航拍无人机。

基本参数	
长 × 宽 × 高（毫米）	580×470×202
整机重量	1.12 千克
最大起飞重量	1750 克
最大飞行时间	60 分钟
最远续航里程	50 千米
最远遥控距离	5 千米
相机有效像素	无内置相机
电池容量	5500 毫安时

禾启 Swan-K1 Pro 是一款独特的固定翼无人机，它采用垂直起降的方式，打破了传统固定翼需要跑道起飞的限制，让固定翼的操作变得极为简单。其机身采用发泡材料制作，放弃传统固定翼舵面设计，完全依靠 4 个电机进行俯仰、横滚、加减速等姿态控制，因此可以在更轻、更安全的同时，兼具续航、速度及操纵感。另外，相比可折叠的多旋翼飞机，禾启 Swan-K1 Pro 采用模块化、可拆卸设计，降低了维修成本。

禾启 Swan-K1 Pro 内置 FPV 图传系统，可搭载多种运动相机。该无人机具有一键起飞和一键返航功能，能够在旋翼模式和固定翼模式之间切换自如，支持 DIY、体验沉浸式飞行，拥有一体化带屏幕遥控器和定制版 HEQ FLY 应用程序，即使用户从未接触过无人机或者航模，也可以在几分钟内轻松掌握操作方法。

不同颜色的禾启 Swan-K1 Pro 无人机

禾启 Swan Voyager 无人机

禾启 Swan Voyager 是深圳市禾启智能科技有限公司于 2022 年发布的航拍无人机。

基本参数	
长 × 宽 × 高（毫米）	590×530×200
整机重量	1.75 千克
最大平飞速度	90 千米 / 时
最大飞行时间	60 分钟
最远续航里程	45 千米
最远遥控距离	8 千米
相机有效像素	1200 万
电池容量	5500 毫安时

禾启 Swan Voyager 是较早应用三轴云台增稳技术的微型垂直起降固定翼航拍无人机，整机采用模块化设计，用户可在 3 分钟内快速组装上手，同时配备了一套便携式手提箱，轻松收纳飞机。配套的遥控器自带 5.5 英寸显示屏，即使在阳光直射下屏幕依旧清晰可见。

禾启 Swan Voyager 搭载的云台相机采用 1/2.3 英寸 CMOS 影像传感器，支持 4K 拍照和视频录制。用户可以选择 FPV 套餐，体验沉浸式飞行。拥有 HDMI 接口的 FPV 眼镜均可适配禾启 Swan Voyager。该无人机还具备多机联网互动功能，同在 20 千米范围内的用户可以共享位置及部分飞行状态数据，完成互动协同飞行，如跟拍、竞速及简单的竞技飞行。

禾启 Swan Voyager 无人机背部视角

禾启 Swan Voyager 无人机腹部视角

哈博森 ZINO 2+ 无人机

哈博森 ZINO 2+ 是深圳市哈博森科技有限公司于 2020 年 3 月发布的航拍无人机。

基本参数	
轴距	280 毫米
整机重量	0.929 千克
抗风能力	6 级
最大平飞速度	72 千米 / 时
最大飞行时间	35 分钟
最远图传距离	9 千米
相机有效像素	1200 万
电池容量	3800 毫安时

哈博森 ZINO 2+ 是哈博森 ZINO 2 的升级版，最大飞行时间从 33 分钟提高到 35 分钟，图传距离从 8 千米提高到 9 千米，其他方面的性能则变化不大。在航拍性能方面的升级没有涉及硬件，而是主要升级了夜景模式，快门速度更快，画质更清晰。原本哈博森 ZINO 2 在夜景方面就已经增强了夜光捕捉能力，此次升级将使其夜间拍摄能力显著提升。哈博森 ZINO 2+ 配备的航拍相机采用三轴机械式增稳云台、索尼 1/2.3 英寸 CMOS 传感器，最高可录制 4K/60fps 视频。

电池方面，哈博森 ZINO 2+ 与哈博森 ZINO 2 同样配备的是 3800 毫安时电池，并拥有电量显示灯。得力于优化的电池管理技术，哈博森 ZINO 2+ 在电池重量不变的条件下实现了最大飞行时间增加 2 分钟。哈博森还同时推出了智能充电头套件，可以同时为最多 5 块电池充电，通过智能充电头还能够实现目前流行的反向充电功能，让电池变身充电宝反向给手机或遥控器充电。

单手握持哈博森 ZINO 2+ 无人机

低飞的哈博森 ZINO 2+ 无人机

哈博森 ZINO Mini Pro 无人机

哈博森 ZINO Mini Pro 是深圳市哈博森科技有限公司于 2021 年 5 月发布的航拍无人机。

基本参数	
长 × 宽 × 高（毫米）	202.5×161.2×61.6
整机重量	0.249 千克
最大上升速度	4 米 / 秒
最大平飞速度	57.6 千米 / 时
最大飞行时间	40 分钟
最远遥控距离	10 千米
相机有效像素	4800 万
电池容量	3000 毫安时

哈博森 ZINO Mini Pro 支持前、后、下三个方向的环境感知和避障。通过强大的并行运算引擎和算法，将前、后、下三个方向摄像头捕获的高帧率视频进行深度信息提取，在运算核心构筑了多达 600000 个三维立体空间特征点，感知距离可达 15 米。哈博森 ZINO Mini Pro 的电池都配备了智能电池管理单元对电池电量进行高精度的估算和统计，内嵌的安全保护电路结合周密的电源保护策略和通断管控算法，让无人机的安全性得到了极大的提升。

哈博森 ZINO Mini Pro 配备的航拍相机采用了 1/1.3 英寸 CM0S 影像传感器、f/1.85 超大光圈，具备更加出色的弱光捕捉性能、动态范围以及色彩还原能力。该无人机采用全新 H.265/HEVC 编码格式（最高 4K/30fps）记录视频数据，并支持最高 200Mbps 的视频码率。在同等码率下，H.265/HEVC 格式记录的信息量比 H.264/AVC 格式高约 50%，能够还原高动态和细节丰富的影像。哈博森 ZINO Mini Pro 采用了 SyncLeas 3.0 图传系统，图传距离可达 10 千米。

哈博森 ACE 2 无人机

哈博森 ACE 2 是深圳市哈博森科技有限公司于 2022 年 12 月发布的航拍无人机。

基本参数	
长 × 宽 × 高 (毫米)	229.6×178×73.6
整机重量	0.6 千克
最大上升速度	4 米 / 秒
最大平飞速度	57.6 千米 / 时
最大飞行时间	37 分钟
最远遥控距离	16 千米
相机有效像素	2000 万
电池容量	3200 毫安时

哈博森 ACE 2 搭载哈博森自主研发的 FineRGB 2.0 影像系统，通过 AI 扩展算法进行噪点识别和抑制，获得了更加纯净的暗光画质。航拍相机采用 1 英寸 CMOS 影像传感器，其靶面面积是 1/2.3 英寸 CMOS 影像传感器靶面面积的 5.3 倍。更大的靶面能够有效地兼顾像素质量和像素数量的平衡。2000 万有效像素很好地兼顾了画质和分辨率的平衡，不会因为像素太低而导致画质受损，也在分辨率上给后期留下了更多的编辑和调整空间。f/1.9 大光圈适合在较暗的环境中拍摄，其可以让更多的光线进入镜头，从而提高图像的亮度和清晰度。

哈博森 ACE 2 采用第四代飞控技术，进一步提升了飞行控制器对环境干扰的学习和适应能力，尤其是提升了对 GPS 数据的冗余纠错能力，进而提升了无人机在复杂电磁环境下的飞行稳定性。该无人机还采用了第二代视觉感知避障技术，通过大数据统计和通道冗余算法进行感知数据的交叉融合，提升了整个视觉系统的自我纠错能力，以及避障功能的可靠性和稳定性，无须频繁进行视觉标定。

哈博森黑鹰 2 号无人机

哈博森黑鹰 2 号是深圳市哈博森科技有限公司于 2022 年 11 月发布的航拍无人机。

哈博森黑鹰 2 号无人机的航拍相机采用 1/2.6 英寸 CMOS 影像传感器，支持 4K/30fps 视频拍摄，视频比特率可达 100Mbps。该无人机采用哈博森 SyncLeas 1.0 数字图传系统，使用方便、距离较远（5 千米）、传输稳定、抗干扰能力强。

基本参数	
长 × 宽 × 高（毫米）	229.6×178×73.6
整机重量	0.58 千克
最大上升速度	4 米 / 秒
最大平飞速度	57.6 千米 / 时
最大飞行时间	33 分钟
最远遥控距离	5 千米
相机有效像素	1200 万
电池容量	2800 毫安时

续航方面，哈博森黑鹰 2 号可以慢速巡航 33 分钟（无风环境下以 25 千米 / 时速度飞行测得），悬停 29 分钟（常温无风条件、2 ～ 4 米高度下悬停飞行测得）。该无人机采用第三代 4S 智能电池，能量密度更高，输出更安全、高效。

零度探索者无人机

零度探索者（Xplorer）是深圳零度智能飞行器有限公司于 2015 年 2 月发布的航拍无人机，其是零度探索者系列无人机中的标准版，也是零度进军航拍无人机的首款产品。

基本参数	
长 × 宽 × 高 (毫米)	500×500×190
整机重量	0.995 千克
最大上升速度	3 米 / 秒
最大平飞速度	28.8 千米 / 时
最大飞行时间	25 分钟
最远遥控距离	0.5 千米
相机有效像素	无内置相机
电池容量	5200 毫安时

零度探索者采用菱形切割外观设计，考虑到高空风阻较大，这种收边设计可以有效减小横向风阻。炫酷的涂装是零度探索者另一大设计特点，黑色雾面涂覆层和红、绿装饰条的配色组合，在很多消费电子产品（特别是游戏设备）上均能够找到类似的影子。考虑到外出携带的便利性，零度探索者采用了可折叠的脚架设计，折叠后可装入收纳箱中。

零度探索者系列无人机的机体、螺旋桨、云台、电池、相机等部件均为模块化设计，方便快速拆装收纳。标准版仅提供机体、螺旋桨、电池。这种设计的好处毋庸置疑，无人机难免有损坏的风险，模块化设计不仅便于携带，也能降低使用门槛和维修成本，用户仅需将损坏模块寄给厂商维修或更换，无须整机寄回。

零度探索者 V 无人机

零度探索者 V 是深圳零度智能飞行器有限公司于 2015 年发布的航拍无人机。

基本参数	
长 × 宽 × 高（毫米）	500×500×190
整机重量	1.22 千克
最大上升速度	3 米 / 秒
最大平飞速度	28.8 千米 / 时
最大飞行时间	25 分钟
最远遥控距离	0.5 千米
相机有效像素	1400 万
电池容量	5200 毫安时

零度探索者 V 在标准版的基础上增加了三轴增稳云台、内置高清相机、用于传输画面的图传增距器。该系列无人机的对角线轴距为 350 毫米，比大疆精灵 3（330 毫米）略宽，理论上稳定性更好。桨型是与大疆精灵 2 相同的 9450 桨型，能够有效提升飞行动力。零度探索者系列无人机采用 2212 规格的无刷电机，其优势在于体积较小。

零度探索者 V 可进行 1080P 全高清视频录制或 1400 万像素照片拍摄。搭配三轴增稳云台，飞行姿态和成像效果稳定，操控也比较简单，适合新手快速入门。该无人机配备 5.8GHz 遥控器，其设计简洁、易于上手，还加入了能够提升使用效率的人体工程学设计。功能方面，除了控制方向的摇杆外，该遥控器还配备了控制云台俯仰的电位开关、控制操作模式的三维开关、无头模式的自锁开关，以及控制 GPS 紧急悬停与一键返航的按键。值得一提的是，零度探索者系列无人机提供了高、中、初三级的用户分级模式，便于不同层次的用户使用。

零度探索者 G 无人机

零度探索者 G 是深圳零度智能飞行器有限公司于 2015 年发布的航拍无人机，是零度探索者系列无人机中提供 GoPro 套件的版本。

基本参数	
长 × 宽 × 高（毫米）	500×500×190
整机重量	1.12 千克
最大上升速度	3 米 / 秒
最大平飞速度	28.8 千米 / 时
最大飞行时间	25 分钟
最远遥控距离	0.5 千米
相机有效像素	无内置相机
电池容量	5200 毫安时

零度探索者 G 在外观设计上延续了零度探索者系列的一贯风格，棱角分明的刚性设计配合炫酷涂层，极具视觉冲击力。同时设计了可折叠的双角度脚架，可以轻松装进背包，方便外出携带。遥控器的造型更是别出心裁，线条圆润，出色的人体工程学曲线弧度设计，拥有卓越的握持手感。站立式设计、遥控器提手以及抽拉式手机支架，将零度探索者系列的人性化理念体现得淋漓尽致。

零度业内首创的模块化外挂设计，使零度探索者 G 摒弃了多种零件组装带来的烦琐，堪称 GoPro 运动相机的好搭档。以往 GoPro 运动相机和无人机的组合过程复杂，除购买外接线材、图传显示器、传输天线等设备外，还要求用户有较强的动手能力，耗费较多的时间和精力。零度探索者 G 则化繁为简，无须组装工具和额外购买部件，无人机加上 GoPro 云台，即可完全实现真正意义上的“到手即飞”。

零度探索者 Mini 无人机

零度探索者 Mini 是深圳零度智能飞行器有限公司于 2016 年发布的微型航拍无人机。

基本参数	
长 × 宽 × 高（毫米）	310×310×55
整机重量	0.431 千克
最大上升速度	3 米 / 秒
最大平飞速度	28.8 千米 / 时
最大飞行时间	15 分钟
最远遥控距离	0.1 千米
相机有效像素	1300 万
电池容量	1650 毫安时

零度探索者 Mini 采用可换迷彩外壳，趣味性极强，用户还可以喷涂自己喜欢的颜色。在结构设计上，该无人机将摄像头放到了机身下部，中间留出更多的空隙来缓冲螺旋桨的震动，从而获得更清晰的图像。零度探索者 Mini 的螺旋桨采用折叠式设计，为了方便用户区分机身前后，机头两个螺旋桨配色为黄色，机尾两个螺旋桨则是黑色。

零度探索者 Mini 能以 30 帧 / 秒的帧率拍摄 1080P 视频。该无人机采用 GPS、GLONASS 双卫星系统定位以及室内光流超声波定位，并具有失控保护及低电压保护等功能，无论任何环境，均可实现平稳飞行与精准悬停，独特的光流定位系统更是让它能够在室内飞行。零度探索者 Mini 的电池容量为 1650 毫安时，一次可以飞行 15 分钟。旅行版额外赠送了一块电池。电池充电速度较快，使用原装的充电器和底座，只需 1 小时就能充满。

零度探索者 Mini 无人机侧面视角

单手握持零度探索者 Mini 无人机

零度智控 DOBBY 无人机

零度智控 DOBBY 是深圳零度智控（北京）智能科技有限公司于 2016 年发布的微型航拍无人机。

基本参数	
长 × 宽 × 高 (毫米)	135×145×36.8
整机重量	0.199 千克
最大飞行高度	3 米
最大抗风等级	4 级
最大飞行时间	9 分钟
最远图传距离	50 米
相机有效像素	1300 万
电池容量	970 毫安时

零度智控 DOBBY 外观造型圆润，机身表面覆盖着一层白色涂层，不仅更加美观，也可有效避免指纹和其他污渍。该无人机体积较小，即使展开 4 个螺旋桨和安装保护罩之后，依然可以放在手掌上。为了缩小体积，零度智控 DOBBY 没有采用三轴防抖云台相机，而是将摄像头放在前端，型号为索尼 IMX214。摄像头角度无法自动调节，要想转换角度，必须在起飞之前手动调整，角度从俯视 90 度到仰视 22.5 度共分为 6 档。

零度智控 DOBBY 搭载高通骁龙 801 芯片，配有六轴陀螺仪、GPS、GLONASS、电子罗盘、气压计、无刷电机、光流感应器等，在功能上可以实现自稳、视觉跟随、电子影像稳定、语音及手势识别等。该无人机内置 16GB 存储，无须额外购买存储卡，但也不支持扩展。所拍摄的照片和视频可以通过应用程序无线传输到手机，也可以通过 USB 线连接电脑，将文件复制到电脑中进行后期处理。

零度智控 DOBBY 无人机俯视图

只有成年人手掌大小的零度智控 DOBBY 无人机

派诺特 AR.Drone 2.0 无人机

派诺特 AR.Drone 2.0 是法国派诺特公司于 2012 年发布的航拍无人机。

基本参数	
长 × 宽 × 高（毫米）	584×584×127
整机重量	0.42 千克
最大上升速度	2 米 / 秒
最大平飞速度	25.2 千米 / 时
最大飞行时间	15 分钟
最远遥控距离	50 米
相机有效像素	92 万
电池容量	1500 毫安时

派诺特 AR.Drone 2.0 是一种可以通过 Wi-Fi 连接 iPad、iPod 和 iPhone 遥控操纵的四轴无人机，主要由机身、电池、机舱盖三部分组成，并配备多个感应器，包括直立式摄像头、前置高清摄像头、超声波高度计等，支持多点触控及重力感应。用户收到无人机之后简单地安装完即可进入飞行状态，在拍摄高清视频和照片后，可以直接分享到社交平台。对于希望拍摄更长视频的用户，该无人机特别添加了 USB 接口，支持更大的录制存储。

派诺特 AR.Drone 2.0 采用了多项先进技术，包括建模、视频游戏和扩增实境，其中扩增实境游戏借助前置摄像头，不仅可以看到拍摄画面，还能体验种类繁多的扩增实境游戏。派诺特 AR.Drone 2.0 的飞行高度最高可达 100 米，其机载压力传感器具有出色的稳定性，无论飞行高度如何，在风速不超过 24 千米 / 时的情况下，它都可以自动更正并在空中保持稳定的姿态。

派诺特 AR.Drone 2.0 无人机起飞

低飞的派诺特 AR.Drone 2.0 无人机

派诺特 Bebop 无人机

派诺特 Bebop 是法国派诺特公司于 2014 年发布的航拍无人机。

派诺特 Bebop 的机身采用玻璃纤维、强化 ABS 工程塑料，有效提升安全性能。遇到紧急情况时，用户可以通过“紧急模式”迅速降落无人机。如果发生碰撞，无人机会自动紧急停止螺旋桨运转。

基本参数	
长 × 宽 × 高（毫米）	330×380×36
整机重量	0.41 千克
最大上升速度	4 米 / 秒
最大平飞速度	38 千米 / 时
最大飞行时间	11 分钟
最远遥控距离	0.3 千米
相机有效像素	1400 万
电池容量	1200 毫安时

派诺特 Bebop 将 1400 万像素、180 度广角的高清摄像头与第一人称视角操控（FPV）融合，可拍摄 1400 万像素静态照片，也可录制 1080P/30fps 视频。该无人机具备全数字图像稳定系统，可改善航拍时的振动问题，从而提高照片和视频的清晰度。用户可以借助“飞行计划”（Flight Plan）功能为派诺特 Bebop 预设航线，具体做法是在手机应用程序中通过简单的拖、拉等操作来设定无人机的飞行路线和飞行高度。这种操作方式简单有效，甚至可以设定无人机摄像头的方向。当无人机自动飞行时，用户仍然可以随时控制其状态，用户也可以在无人机飞行过程中保存、重置和调整航线。

飞行中的派诺特 Bebop 无人机

派诺特 Bebop 2 无人机

派诺特 Bebop 2 是法国派诺特公司于 2016 年发布的航拍无人机。

无论是飞行速度，还是最大飞行时间派诺特 Bebop 2 都远超派诺特 Bebop。该无人机可在 20 秒内爬升到 100 米高度，最高可以抵挡 63 千米 / 时的大风。派诺特 Bebop 2 配备了容量更大的电池，整机重量也随之增加，不过派诺特着重改进了它的电机及旋翼性能，所以它的飞行性能并未受到影响。

基本参数	
长 × 宽 × 高（毫米）	381×328×89
整机重量	0.5 千克
最大上升速度	6 米 / 秒
最大平飞速度	60 千米 / 时
最大飞行时间	25 分钟
最远遥控距离	2 千米
相机有效像素	1400 万
电池容量	2700 毫安时

派诺特 Bebop 2 配备了 1400 万像素鱼眼相机，镜头可 180 度转动，可录制 1080P/30fps 视频。派诺特公司首席执行官甚至称其为“影像处理飞行设备”，足见其航拍性能的优异与稳定。派诺特 Bebop 2 还配备了超声波感应器、压力感应器、三轴陀螺仪、磁强计、加速计、GPS、绘图处理器，以及 8GB 储存空间。该无人机可通过 Wi-Fi 无线连接 iOS 或安卓移动设备，并配合 FreeFlight 3 应用程序遥控操作。用户也可选择以专用控制器 Skycontroller 操控，Wi-Fi 信号范围便能扩大至 2 千米。如果想要进一步体验第一人称视角的视觉快感，也可连接支持 HDMI 的 VR 头戴式显示设备。

派诺特 Bebop 2 无人机及其遥控器

飞行中的派诺特 Bebop 2 无人机

派诺特 ANAFI 无人机

派诺特 ANAFI 是法国派诺特公司于 2018 年 6 月发布的航拍无人机。

基本参数	
长 × 宽 × 高 (毫米)	240×175×65
整机重量	0.32 千克
最大上升速度	6 米 / 秒
最大平飞速度	55 千米 / 时
最大飞行时间	25 分钟
最远续航里程	4 千米
相机有效像素	2100 万
电池容量	2700 毫安时

派诺特 ANAFI 采用了传统的四旋翼设计，机翼可以折叠，同时机身采用了碳纤维、玻璃纤维材料，因此该无人机不仅重量很轻，而且体积很小，非常方便携带，适合户外旅行等场景使用。其机身纤细，线条感很强，螺旋桨可轻松拆卸，机身正前方搭载了白色的云台相机。相机采用索尼 1/2.4 英寸 CMOS 影像传感器，最高可拍摄码率达 100Mbps 的 4K HDR 视频，或者 1080P/60fps 高清视频，同时还支持 4K Cinema 标准。而为了满足更多航拍爱好者的拍摄需求，派诺特 ANAFI 还搭载了一颗 3 倍光学变焦镜头。

派诺特 ANAFI 采用三轴防抖技术，同时摄像头还能实现上下 180 度翻转，用户不仅可以通过无人机实现“俯拍”，更能在特定的使用场景中借助派诺特 ANAFI 实现“仰拍”。派诺特 ANAFI 设有 USB-C 接口，可直接通过移动电源、电脑或智能手机进行充电，同时也可以兼容不同输出功率的充电器，使用起来更加方便。

派诺特 ANAFI 无人机及其遥控器

飞行中的派诺特 ANAFI 无人机

亿航 GhostDrone 2.0 无人机

亿航 GhostDrone 2.0 是广州亿航智能技术有限公司于 2015 年发布的航拍无人机，分为云台版和旗舰版，后者在前者的基础上额外配备了一个 VR 图传眼镜。

基本参数	
轴距	350 毫米
整机重量	1.15 千克
最大上升速度	2.5 米 / 秒
最大平飞速度	70 千米 / 时
最大飞行时间	25 分钟
最远遥控距离	1 千米
相机有效像素	1200 万
电池容量	4500 毫安时

亿航 GhostDrone 2.0 的机身采用圆滑的流线型设计，与常见的无人机不同，亿航 GhostDrone 2.0 采用了下旋翼的设计，从空气动力学角度来看，这样的结构会给无人机带来更好的运动性能。亿航 GhostDrone 2.0 采用 8555 双叶自紧桨，可以有效减少飞行过程中产生的轻微抖动，让飞行表现更稳定。同时也方便用户进行安装和拆卸。机身前方有一个白色的信号指示灯，用来提示图传连接等信息，而指示灯的正下方则是无人机的电池仓。

亿航 GhostDrone 2.0 采用一体化球形相机搭配轻量化云台设计，云台和相机总重约 160 克，十分轻便。根据官方的参数，三轴云台的动态精度能达到 ±0.1 度，4K 球形相机的有效像素则达到了 1200 万，同时支持 4K/30fps 视频录制。亿航 GhostDrone 2.0 没有专门的遥控器，而是需要通过下载手机应用程序来进行操控，苹果 iOS 系统通过 Wi-Fi 来连接手机和 VR 图传眼镜，而安卓系统则通过蓝牙来连接手机和 VR 图传眼镜。

亿航 GhostDrone 2.0 无人机准备起飞

飞行中的亿航 GhostDrone 2.0 无人机

一电航空 Sparrow 2 无人机

一电航空 Sparrow 2 是深圳一电航空技术有限公司于 2020 年发布的航拍无人机。

一电航空 Sparrow 2 采用三维折叠设计，手感恰到好处，让用户一手即可轻松掌握。即使经过数千次折叠，仍能保证飞行时的稳定性。该无人机采用环保 ABS 材料以及无刷 1805 电机，动力强劲，抗风等级为 4 级。一电航空 Sparrow 2 配有探照灯，在夜间依旧能辨别飞行方向，拍摄的画面也更加清晰。

基本参数	
长 × 宽 × 高（毫米）	390×390×70
整机重量	0.448 千克
最大起飞海拔高度	5 千米
最大平飞速度	54 千米 / 时
最大飞行时间	28 分钟
最远图传距离	1 千米
相机有效像素	1200 万
电池容量	2500 毫安时

一电航空 Sparrow 2 搭载了 4K 高清摄像头，且可通过遥控器进行 90 度自由旋转拍摄。另外还具有 110 度广角拍摄范围和实时变焦功能。该无人机具有定高悬停、定点环绕、渐远飞行、跟随飞行、航线飞行、一键返航、一键起飞降落、无头模式等智能飞行模式。用户开启跟随飞行模式后，无人机即可自动跟随用户移动，也可开启航拍功能，实现自动跟随航拍。

一电航空 AIR NEO 无人机

一电航空 AIR NEO 是深圳一电航空技术有限公司于 2022 年 5 月发布的微型航拍无人机，主打智能自拍。

一电航空 AIR NEO 体积小巧，仅有手掌大小，整机重量仅有 55 克，这也赋予了该无人机小巧、便携、时尚的特性。高强度 PC 外壳和涵道防护设计，使其拥有一个保护圈，避免因遇阻而受损，让飞行更安全。而飞控算法和 AI 智能等关键技术的应用，也实现了飞行的平稳和操控的智能化。

基本参数	
长 × 宽 × 高 (毫米)	102×85×13
整机重量	0.055 千克
悬停精度	±0.3 米
图传延时	300 毫秒
最大飞行时间	5 分钟
最远图传距离	15 米
相机有效像素	1200 万
电池容量	550 毫安时

一电航空 AIR NEO 搭载 1200 万像素高清摄像头，支持 2K 视频录制，在各种光线下均有出色的成像表现，且无须额外的防抖或后期处理，都能获得清晰细腻的画面。该无人机支持超多智能飞行模式，只要将其放置于掌心抛飞，即可实现自主飞行，同时支持一键返航的掌心降落收回功能。此外，通过光流定位、气压计高度检测、计算机视觉技术的加持，一电航空 AIR NEO 在使用时可开启自动飞行模式，快速识别人脸并启动实时追踪、跟拍，同时还支持手势互动控制拍摄。

臻迪小巨蛋X无人机

臻迪小巨蛋X（PowerEgg X）是臻迪科技股份有限公司于2019年11月发布的航拍无人机。

基本参数	
轴距	427.5毫米
整机重量	0.862千克
最大起飞海拔高度	4千米
最大平飞速度	64.8千米/时
最大飞行时间	30分钟
最远遥控距离	6千米
相机有效像素	1200万
电池容量	3800毫安时

臻迪小巨蛋X搭载4K/60fps相机及三轴机械增稳云台，可轻松完成高动态航拍。其搭载的超大桨叶为大风设计，抗风等级为5级，在海边或大风环境下也可以从容飞行。臻迪小巨蛋X不仅是无人机，更是一台手持云台相机。切换至手持模式，通过三轴机械增稳云台和AI智能寻影功能，防抖拍摄可随时随地捕捉生活中的精彩瞬间。通过装配防水套装配件，臻迪小巨蛋X还能做到防水飞行与水上起降。

臻迪小巨蛋X具备强大的人脸识别功能，通过人工智能深度学习训练，不断提升人脸识别的准确率，在拍摄的同时有效锁定目标跟随拍摄，并进行智能构图，针对日常拍摄和自拍，减少了拍摄中反复调整构图的烦恼，极大提升了拍摄体验。臻迪小巨蛋X拥有SyncVoice音画合成专有技术，可利用手机自带麦克风、无线耳机等设备实现随身高保真声音拾取，自动将声音和相机视频同步合成，实现音画同步。

飞行中的臻迪小巨蛋 X 无人机

臻迪小巨蛋 X 无人机在水上起降

臻迪小巨蛋无人机

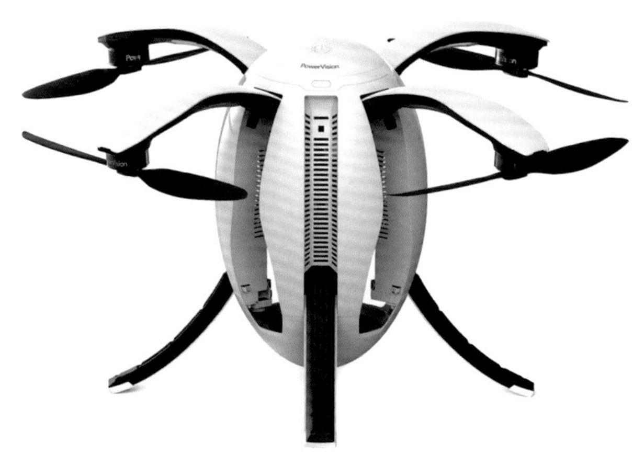

臻迪小巨蛋（PowerEgg）是臻迪科技股份有限公司于 2016 年 2 月发布的航拍无人机。

臻迪小巨蛋采用无须拆装的完全可折叠一体化设计，无须拆卸桨叶和脚架，折叠起来就是圆润的蛋形，一个随身的背包就可以轻松容纳。需要使用臻迪小巨蛋时，可快速打开机臂和脚架，展开后即可变身成为无人机，让用户随时随地享受航拍之旅。臻迪小巨蛋配备三轴防抖云台、4K 超高清航拍相机，具有 360 度环拍视野。

基本参数	
轴距	448 毫米
整机重量	2.1 千克
最大上升速度	5 米 / 秒
最大平飞速度	46.8 千米 / 时
最大飞行时间	23 分钟
最远图传距离	5 千米
相机有效像素	1200 万
电池容量	6400 毫安时

臻迪小巨蛋独创了体感遥控功能，相比传统遥控器而言，只需单手操作，通过手势即可控制前后左右等飞行方向，并轻松进行拍照或视频录制，更加适合初学者使用。该无人机还有一键起飞、一键返航功能，起飞后无人机会自动悬停在固定高度，之后可开始自由操作，从而避免因操作不当造成的起飞失误。臻迪小巨蛋支持 2.4GHz 频率进行信号传输，实现远达 5 千米的超远距离实时视频图像传输和飞行控制距离，从而带给用户更大的航拍范围和更优质的拍摄体验。

第3章　行业级无人机

从产品属性来说，行业级无人机是指区别于消费级无人机（主要功能为航拍），功能较为复杂，能够满足行业上多样化需求的无人机。从用户属性来说，行业级无人机是指政府部门、企业级客户所使用的无人机。从用途属性来说，行业级无人机是指满足专业用途的无人机，例如巡检、侦察、搜索、测绘、消防等。

大疆筋斗云 S900 无人机

大疆筋斗云 S900 是深圳市大疆创新科技有限公司于 2014 年 8 月发布的六旋翼行业级无人机。

基本参数	
对称电机轴距	900 毫米
单臂长度	358 毫米
中心架直径	272 毫米
中心架重量	1.185 千克
整机重量	3.3 千克
最大飞行时间	18 分钟
工作环境温度	–10℃～40℃
电池容量	10000 ～ 15000 毫安时

大疆筋斗云 S900 具有便携易用、操作简便、安全稳定等特点。其高度集成化的设计使安装调试工作更加简单快捷；可收放起落架、可折叠机臂、螺旋桨及 GPS 折叠座使系统具有良好的便携性。集成的收放起落架、高性能的减震组件、小角度倾斜的机臂和下移的云台安装架，为相机带来全方位的航拍视角和高质量的拍摄效果。

大疆筋斗云 S900 配备了拥有大疆专利的电源分配中心板，内置高速电调和电机，配合高效螺旋桨，能够提供充足的动力。加上大疆多旋翼飞控系统和禅思系列云台，可获得稳定安全的飞行性能，以顺利完成多种行业任务。

草地上的大疆筋斗云 S900 无人机

飞行中的大疆筋斗云 S900 无人机

大疆筋斗云 S1000+ 无人机

大疆筋斗云 S1000+ 是深圳市大疆创新科技有限公司于 2014 年 10 月发布的八旋翼行业级无人机。

基本参数	
对称电机轴距	1045 毫米
单臂长度	386 毫米
中心架直径	337 毫米
中心架重量	1.52 千克
整机重量	4.4 千克
最大飞行时间	15 分钟
工作环境温度	-10℃～40℃
电池容量	10000～20000 毫安时

大疆筋斗云 S1000+ 的主要结构部件均采用质量强度比极高的碳纤维复合材料，在保证机身结构强度、刚度的同时，最大程度地减轻重量。机身结构的系统性能完全兼容大疆 WooKong-M、A2 多旋翼飞控。快速的响应频率使用户能够享受到无与伦比的操纵感。所有机臂均可向下折叠，配合 1552 折叠桨，可使整机运输体积最小化，方便运输携带。用户只需抬起机臂、锁紧机臂卡扣、给系统上电，便可使其进入飞行就绪状态，大大缩短了每次飞行的准备时间。所有机臂采用 8 度内倾和 3 度侧倾设计，可使无人机在横滚和俯仰方向更加平稳，在旋转方向更加灵活。

大疆筋斗云 S1000+ 的最大起飞重量约为 11 千克，可轻松搭载禅思系列云台和全套拍摄设备。当使用 15000 毫安时 6S 锂电池时，可获得长达 15 分钟的续航时间，有效作业时间约为 12 分钟。

飞行中的大疆筋斗云 S1000+ 无人机

大疆筋斗云 S1000+ 无人机

大疆悟 1 无人机

大疆悟 1（Inspire 1）是深圳市大疆创新科技有限公司于 2014 年 11 月发布的行业级航拍无人机。

基本参数	
轴距	559 毫米
整机重量	3.06 千克
最大上升速度	5 米 / 秒
最大下降速度	4 米 / 秒
最大平飞速度	79 千米 / 时
最大飞行时间	18 分钟
最远遥控距离	5 千米
电池容量	4500 毫安时

大疆悟 1 采用流线型设计，结构是铝镁合金可变形机身，碳纤维机臂可以带动 4 个螺旋桨在空中升起，而机臂收起时又能变成起落架，和机身连接的只有 2 根轴，而每一根轴延伸出 2 个旋翼和 2 个脚架。大疆悟 1 标配禅思 X3 相机，可拍摄 4K 视频和 1200 万像素照片。镜头分为 9 组，共包含 9 片镜片，其中包括一片非球面的透镜。该无人机支持多张连拍，最高可连拍 7 张，并支持 Adobe DNG RAW 格式。大疆悟 1 的云台采用快拆结构，方便携带和在未来进行硬件模块化升级，例如用户可以卸下标配的 4K 相机，替换成 GoPro Hero 4 运动相机。

大疆悟 1 拥有单目辅助低位悬停技术，即使是在室内无 GPS 信号的情况下也能实现精准定高定点悬停。同时，大疆悟 1 配备了视觉定位系统，可在超低空或室内实现稳定飞行和悬停。返航功能可使无人机在失去遥控信号或电量不足时自动返回返航点，并自动降落。

飞行中的大疆悟 1 无人机

大疆悟 1 无人机（右）和大疆精灵 2 Vision+ 无人机（左）

大疆悟 1 Pro 无人机

大疆悟 1 Pro 是深圳市大疆创新科技有限公司于 2015 年 9 月发布的行业级航拍无人机。

基本参数	
轴距	559 毫米
整机重量	3.4 千克
最大上升速度	5 米 / 秒
最大下降速度	4 米 / 秒
最大平飞速度	64.8 千米 / 时
最大飞行时间	15 分钟
最远遥控距离	5 千米
电池容量	4500 毫安时

大疆悟 1 Pro 配备高强度碳纤维机臂，可以带动 4 个螺旋桨在空中升起，变形收起的起落架可以让相机 360 度无遮挡。该无人机支持 2 个遥控器协同工作，并支持 2 个移动设备实时显示，飞行和相机的操控相互独立。内置传感器可以精准判断无人机的位置和高度，在降落时系统会自动触发脚架落下。大疆悟 1 Pro 配备了大容量智能电池，内置智能电池管理系统。在飞行过程中，应用程序会实时显示剩余的电池电量，系统会自动分析并计算返航和降落所需的电量和时间，免除时刻担忧电量不足的困扰。

大疆悟 1 Pro 搭载禅思 X5 航拍相机，其 M4/3 影像传感器面积是主流航拍相机的 8 倍，感光度范围为 iSO 100-25600，并具备出色的降噪能力、精准的色彩还原能力和高动态范围。大疆悟 1 Pro 采用 Lightbridge 超视距全高清数字图传系统，其有效传输距离为 5 千米，即使无人机飞得再远，地上的人依旧可以通过遥控器观察拍摄的画面，这为专业航拍提供了前所未有的便利。

飞行中的大疆悟 1 Pro 无人机

大疆悟 1 RAW 无人机

大疆悟 1 RAW 是深圳市大疆创新科技有限公司于 2016 年 3 月发布的行业级航拍无人机，在相机性能、存储卡支持、传输距离和电池续航时间等方面均优于大疆悟 1 Pro。

基本参数	
轴距	559 毫米
整机重量	3.4 千克
最大上升速度	5 米 / 秒
最大下降速度	4 米 / 秒
最大平飞速度	64.8 千米 / 时
最大飞行时间	15 分钟
最远遥控距离	5 千米
电池容量	4500 毫安时

大疆悟 1 RAW 标配禅思 X5R 航拍相机，它与禅思 X5 相机拥有相同的传感器及镜头配置，可拍摄无损 4K RAW 视频。其所拍视频除储存在 Micro SD 卡外，还可以存放在位于云台上部的一个 512GB 容量的固态硬盘里。其所录制的 Cinema DNG（RAW）格式的 4K 高清视频存储于 SD 卡中，平均码率为 1.7Gbps（最高码率达 2.4Gbps）。此外，禅思 X5R 相机支持全新的 D-LOG 模式，能够为后期制作提供更广的色彩调校空间。

为方便管理禅思 X5R 相机拍摄的 Cinema DNG 视频文件，大疆还推出了视频编辑软件“CineLight”，可让用户在将 Cinema DNG 文件转换为 Apple ProRes 文件之前进行编辑及输出，简化视频编辑流程。

大疆悟 1 RAW 无人机及其携行箱

大疆悟 1 RAW 无人机搭载的禅思 X5R 相机特写

大疆悟 2 无人机

大疆悟 2 是深圳市大疆创新科技有限公司于 2016 年 11 月发布的行业级航拍无人机。

大疆悟 2 采用了创新的结构设计，影像处理系统和存储系统被放置在机身内部，传感器和光学系统合并成为可更换的相机模块，两者通过快拆接口相连。这种设计能很好地屏蔽处理器对传感器产生的电磁干扰，同时还能为用户提供良好的扩展能力，兼顾多种多样的航拍需求。

基本参数	
轴距	605 毫米
整机重量	3.44 千克
最大上升速度	6 米 / 秒
最大下降速度	9 米 / 秒
最大平飞速度	94 千米 / 时
最大飞行时间	27 分钟
最远遥控距离	7 千米
电池容量	4280 毫安时 ×2

大疆悟 2 采用大疆 CineCore 2.1 影像处理系统，内建多种硬件编码器，支持最大 4.44Gbps 码流录制 6K 的 Cinema DNG 视频，2.08Gbps 码流录制 5.2K 的 Apple ProRes 视频，还可录制高达 100Mbps 码率的 H.265 和 H264 视频。CineCore 2.1 影像处理系统具备高速连拍功能，搭配禅思 X7 航拍相机可以支持 PEG、DNG 格式 10 张连拍，以及单张 2400 万像素、20 帧 / 秒的 DNG 无限连拍；搭配 X5S 和 X4S 航拍相机可以支持 PEG、DNG 格式 14 张连拍，以及单张 2080 万像素、20 帧 / 秒的 DNG 无限连拍。CineCore 2.1 影像处理系统内置于机身头部，可通过快拆接口接入多款相机。

飞行中的大疆悟 2 无人机

大疆精灵 4 RTK 无人机

大疆精灵 4 RTK 是深圳市大疆创新科技有限公司于 2018 年 6 月发布的小型多旋翼高精度航测无人机，主要低空摄影测量，具备厘米级导航定位系统和高性能成像系统，便携易用，全面提升航测效率。

大疆精灵 4 RTK 集成全新 RTK 模块，拥有强大的抗磁干扰能力与精准定位能力，能够提供实时厘米级定位数据，显著提升了图像原数据的绝对精度，同时支持 PPK 后处理。飞行器持续记录卫星原始观测值、相机曝光文件等数据，在作业完成后，用户可直接通过大疆云 PPK 服务解算出高精度位置信息。定位系统支持连接 D-RTK 2 高精度 GNSS 移动站，并可通过 4G 无线网卡或 Wi-Fi 热点与 NTRIP 连接。

基本参数	
轴距	350 毫米
整机重量	1.391 千克
最大上升速度	6 米 / 秒
最大下降速度	6 米 / 秒
最大平飞速度	58 千米 / 时
最大飞行时间	30 分钟
最远遥控距离	7 千米
电池容量	5870 毫安时

大疆精灵 4 RTK 配备 1 英寸 2000 万像素 CMOS 影像传感器，机械快门支持高速飞行拍摄，能够消除果冻效应，从而有效避免建图精度降低。借助高解析度影像，大疆精灵 4 RTK 在 100 米飞行高度中的地面采样距离可达 2.74 厘米。每个相机镜头都经过严格工艺校正，以确保高精度成像。畸变数据存储于每张照片的元数据中，方便用户使用后期处理软件进行针对性调整。

停在地面的大疆精灵 4 RTK 无人机

大疆精灵 4 RTK 无人机准备起飞

大疆经纬 M100 无人机

大疆经纬 M100 是深圳市大疆创新科技有限公司于 2015 年 6 月发布的一款平稳可靠、功能强大、可灵活扩展的行业级无人机，适用于科研、商业、个人娱乐等领域。

基本参数	
轴距	650 毫米
整机重量	2.355 千克
最大上升速度	5 米 / 秒
最大下降速度	4 米 / 秒
最大平飞速度	79.2 千米 / 时
最大飞行时间	22 分钟
最远遥控距离	5 千米
电池容量	4500 毫安时

大疆经纬 M100 配备了多个通信接口、电源和扩展架。用户可以在该平台上轻松安装各类设备，并获取飞行数据和控制机制。平台在空载情况下能够飞行 22 分钟，在负载达 1 千克的情况下能够飞行 13 分钟。如果选配 TB48D 大容量智能电池（5700 毫安时）或搭载额外电池组，飞行时间还可大幅延长，最多可达 40 分钟。

大疆经纬 M100 内置大疆 Lightbridge 高清数字图像传输系统。该系统支持用于大疆悟 1 的禅思 X3 相机与云台，并兼容任何支持 HDMI 或模拟视频输出的相机。用户可使用大疆 Pilot 应用程序在智能设备上轻松搭载第三方传感器，例如近红外线与热成像传感器，并查看来自其中的实时图像。

大疆经纬 M600 无人机

大疆经纬 M600 是深圳市大疆创新科技有限公司于 2016 年 4 月发布的行业级航拍无人机。

大疆经纬 M600 是大疆为专业级影视航拍及行业应用领域打造的全新一体化飞行平台。轻量化设计的机身搭载了全天候大负载动力系统，并集成了精准可靠的 A3 飞行控制系统及 Lightbridge 2 高清数字图传。该无人机采用了智能飞行电池组和电池管理系统，并提供丰富的扩展接口，更支持高精度 D-RTK GNSS 及地面站系统，将性能、可靠性和操控体验提升至全新高度。

基本参数	
长 × 宽 × 高(毫米)	1668×1518×759
整机重量	9.1 千克
最大上升速度	5 米 / 秒
最大下降速度	3 米 / 秒
最大平飞速度	64.8 千米 / 时
最大飞行时间	35 分钟
最远遥控距离	5 千米
电池容量	4500 毫安时 ×6

大疆经纬 M600 使用标配的 6 块 TB47S 电池时，最大载重是 6 千克；使用选配的 6 块 TB48S 电池时，最大载重是 5.5 千克。使用 TB47S 电池时，空载可以续航 35 分钟，负载 6 千克可以续航 16 分钟；使用 TB48S 电池时，空载可以续航 40 分钟，负载 5.5 千克可以续航 18 分钟。该无人机起飞后，只需拨动起落架控制开关即可收起和放下脚架。在 DJI GO 应用程序中开启智能起落架功能后，无人机离地面 1.2 米后会自动升起起落架。但离地面 1.2 米以下，起落架不会自动放下，需要用户拨动起落架控制开关放下起落架。

大疆经纬 M600 Pro 无人机

大疆经纬 M600 Pro 是深圳市大疆创新科技有限公司于 2016 年 11 月发布的行业级航拍无人机。

基本参数	
长 × 宽 × 高（毫米）	1668×1518×727
整机重量	9.5 千克
最大上升速度	5 米 / 秒
最大下降速度	3 米 / 秒
最大平飞速度	64.8 千米 / 时
最大飞行时间	32 分钟
最远遥控距离	5 千米
电池容量	4500 毫安时 ×6

大疆经纬 M600 Pro 延续了大疆经纬 M600 的高负载和优秀的飞行性能，采用模块化设计，进一步提升了可靠性，使用更便捷。大疆经纬 M600 Pro 标配 Lightbridge 2 高清数字图传、智能飞行电池组和电池管理系统，支持多款大疆云台与第三方软、硬件扩展，最大载重可达 6 千克，为影视航拍和无人机行业应用提供了可靠的高性能飞行平台。大疆经纬 M600 Pro 和大疆经纬 M600 标配相同的 TB47S 电池，同样也可选配 TB48S 电池。

大疆经纬 M600 Pro 在性能上的提升主要包括：螺旋桨升级为 2170R 螺旋桨，提高效率，增强飞行稳定性；飞行控制系统升级为 A3 Pro，增强飞行安全性，姿态控制更精确；增加 A3 主控减震及冗余 IMU 减震，减小震动，降低噪声干扰。

大疆经纬 M600 Pro 无人机仰视图

飞行中的大疆经纬 M600 Pro 无人机

大疆经纬 M200 无人机

大疆经纬 M200 是深圳市大疆创新科技有限公司于 2017 年 2 月发布的行业级无人机，与大疆经纬 M210、大疆经纬 M210 RTK 同属一个系列，适用于测绘、巡检、公共安全等领域。

基本参数	
长 × 宽 × 高（毫米）	887×880×378
整机重量	3.8 千克
最大上升速度	5 米 / 秒
最大下降速度	3 米 / 秒
最大平飞速度	82.8 千米 / 时
最大飞行时间	27 分钟
最远遥控距离	7 千米
电池容量	4280 毫安时

大疆经纬 M200 是大疆首款具备工业防护等级的飞行平台，具备 IP43 防护等级，无论在风雨、尘土还是高温、严寒中都能稳定工作。自加热双电池系统可适应低至 –20℃ 的低温。机体前方和下方各有一个立体视觉系统，上方配备了红外感知系统，可实现前方、下方和上方避障。该无人机内置大疆 AirSense，能接收到附近半径数十千米以内的客机广播的 ADS-B 信号，通过分析每台客机的位置、高度、速度等信息，分析双方危险接近和碰撞的风险，一旦判断存在碰撞风险，就会主动避让，从而大大提升了飞行安全性。

大疆经纬 M200 系列无人机共支持 4 款云台相机，分别是禅思 X4S 云台相机、禅思 X5S 云台相机、禅思 XT 热成像相机和禅思 Z30 远摄变焦云台相机。其中，大疆经纬 M200 仅有下置单云台，可搭载一款云台相机。

大疆经纬 M200 无人机正在执行电力巡检任务

大疆经纬 M210 无人机

大疆经纬 M210 是深圳市大疆创新科技有限公司于 2017 年 2 月发布的行业级无人机，与大疆经纬 M200、大疆经纬 M210 RTK 同属一个系列。

基本参数	
长 × 宽 × 高（毫米）	887×880×378
整机重量	3.84 千克
最大上升速度	5 米 / 秒
最大下降速度	3 米 / 秒
最大平飞速度	82.8 千米 / 时
最大飞行时间	27 分钟
最远遥控距离	7 千米
电池容量	4280 毫安时

大疆经纬 M210 可搭配下置双云台和上置单云台，并配备接口支持其连接第三方传感器和配件。该无人机遥控器内置 Lightbridge 高清图传系统，有效传输距离远达 7 千米，并可传输 1080P 主相机高清画面。主从机之间通信距离可达 100 米，用户可选择 2.4GHz 或 5.8GHz 工作频段，供图传和遥控同时使用，可有效抵抗环境干扰、提升通信稳定性。

基于视觉技术，大疆经纬 M210 实现了多种智能飞行模式，便于用户根据自身需求进行选择。具体包括锁定模式、兴趣点模式、三脚架模式、智能跟随模式。选择锁定模式时，相机跟随拍摄对象，同时用户可以对无人机进行自由控制。选择兴趣点模式时，可锁定建筑或其他物体，让无人机环绕该物体自主飞行，以便进行全面观测。选择三脚架模式时，可在狭窄的环境中微调位置和角度，实现精准定位和安全飞行。选择智能跟随模式时，无人机自动跟随运动物体飞行。

大疆经纬 M210 RTK 无人机

大疆经纬 M210 RTK 是深圳市大疆创新科技有限公司于 2017 年 2 月发布的行业级无人机，与大疆经纬 M200、大疆经纬 M210 同属一个系列。

基本参数	
长 × 宽 × 高 (毫米)	887×880×408
整机重量	4.42 千克
最大上升速度	5 米 / 秒
最大下降速度	3 米 / 秒
最大平飞速度	82.8 千米 / 时
最大飞行时间	23 分钟
最远遥控距离	7 千米
电池容量	4280 毫安时

大疆经纬 M210 RTK 采用折叠式设计，并配备标准箱体，便于携带，安装和准备工作轻松简单，只需展开飞行器机臂，装上相机、脚架和螺旋桨，无须调试即可起飞。机身和配件都可使用标配的包装箱运输和储存，携带和飞行前准备更加便捷。大疆经纬 M210 RTK 配备双电池冗余系统，飞行安全系数显著提升，并且在更换电池时仍然可以保持机体供电状态。

大疆经纬 M210 RTK 全面兼容大疆 Onboard SDK 和 Mobile SDK，能满足行业用户飞行规划、数据收集和分析等多种需求。该无人机带有 D-RTK 模块，可实现厘米级高精度定位。同时采用大疆先进的飞行控制技术，能在飞行中实时监测传感器数据状态，一旦出现故障立即执行飞行控制。

大疆经纬 M200 V2 无人机

大疆经纬 M200 V2 是深圳市大疆创新科技有限公司于 2019 年 2 月发布的行业级无人机，其是大疆经纬 M200 的第二代产品，与大疆经纬 M210 V2、大疆经纬 M210 RTK V2 同属一个系列，适用于测绘、巡检、公共安全等领域。

基本参数	
长 × 宽 × 高（毫米）	883×886×398
整机重量	4.69 千克
最大上升速度	5 米 / 秒
最大下降速度	3 米 / 秒
最大平飞速度	81 千米 / 时
最大飞行时间	38 分钟
最远遥控距离	8 千米
电池容量	7660 毫安时 ×2

大疆经纬 M200 V2 延续了大疆经纬系列可靠耐用的机身设计，结构紧凑，扩展灵活。机身顶部及底部均配备夜航灯，可在夜间飞行时指示自身位置，以符合夜间作业法规，同时保障飞行安全。用户可通过大疆 Pilot 应用程序关闭所有机身显示灯，开启隐蔽模式，作业更低调。全新升级的 FlightAutonomy 系统结合前视、下视、上视传感器，可自动感知并躲避障碍物，实现精准悬停，在复杂场景下也可安心飞行。全新 TimeSync 时间同步设计，持续同步飞控、相机、GPS 模块、RTK 模块、大疆负载及机载配件的时钟系统。

大疆经纬 M200 V2 兼容 Mobile SDK、大疆 SkyPort，可以搭载禅思 X4S、X5S、X7、XT、XT2、Z30、XTS，以及基于大疆 Skyport 和大疆 X-Port 开发的第三方云台相机。安装官方负载或第三方负载后，可通过大疆 Pilot 应用程序重新校准飞行平台重心，从而提升飞行稳定性。

飞行中的大疆经纬 M200 V2 无人机

停在地面上的大疆经纬 M200 V2 无人机

大疆经纬 M210 V2 无人机

大疆经纬 M210 V2 是深圳市大疆创新科技有限公司于 2019 年 2 月发布的行业级无人机，是大疆经纬 M210 的第二代产品，与大疆经纬 M200 V2、大疆经纬 M210 RTK V2 同属一个系列。

大疆经纬 M210 V2 在保留大疆经纬 M200 V2 所有功能的基础上，额外兼容 Onboard SDK，并且提供第三方设备供电接口。该系列无人机采用 OcuSync 2.0 图传系统，能够提供远达 8 千米的控制距离与双路图传，双频自动切换技术为该系列无人机带来了更强大的抗干扰能力，图像传输更稳定。AES-256 加密技术让数据传输更安全，为重要信息安全提供保障。

基本参数	
长 × 宽 × 高（毫米）	883×886×398
整机重量	4.8 千克
最大上升速度	5 米 / 秒
最大下降速度	3 米 / 秒
最大平飞速度	81 千米 / 时
最大飞行时间	33 分钟
最远遥控距离	8 千米
电池容量	7660 毫安时 ×2

与大疆经纬 M200 V2 一样，大疆经纬 M210 V2 也配备了 FPV 相机，分辨率为 608×448。下置双云台挂载的云台相机支持同时控制云台角度、拍照和摄像功能。大疆经纬 M210 V2 升级方便，用户可通过大疆 Pilot 或大疆 Assistant 2 一键同时升级飞行平台、遥控器、负载、RTK 模块及 RTK 基站。

飞行中的大疆经纬 M210 V2 无人机

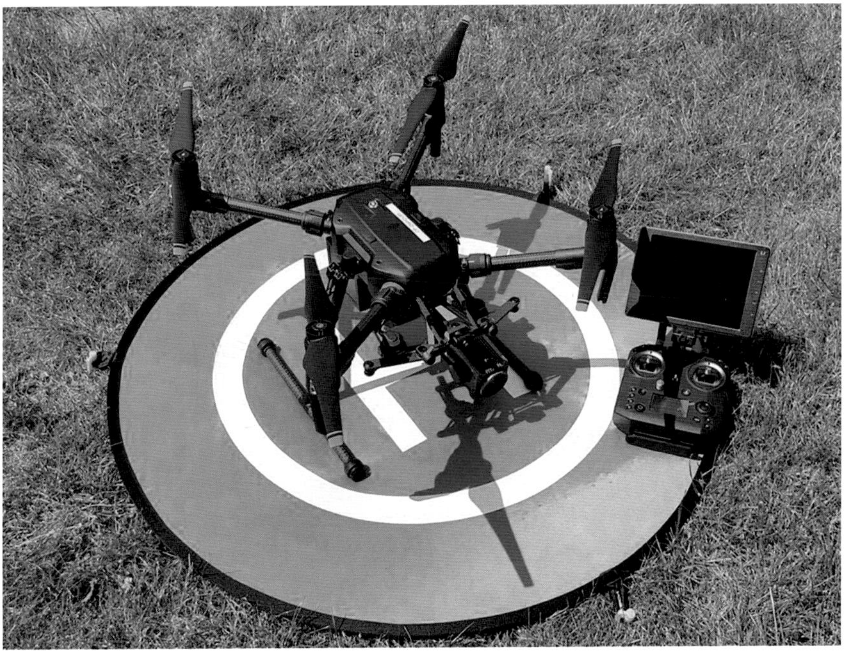

大疆经纬 M210 V2 无人机及其遥控器

大疆经纬 M210 RTK V2 无人机

大疆经纬 M210 RTK V2 是深圳市大疆创新科技有限公司于 2019 年 2 月发布的行业级无人机，其是大疆经纬 M210 RTK 的第二代产品，与大疆经纬 M200 V2、大疆经纬 M210 V2 同属一个系列。

基本参数	
长 × 宽 × 高（毫米）	883×886×427
整机重量	4.91 千克
最大上升速度	5 米 / 秒
最大下降速度	3 米 / 秒
最大平飞速度	81 千米 / 时
最大飞行时间	33 分钟
最远遥控距离	8 千米
电池容量	7660 毫安时 ×2

大疆经纬 M210 RTK V2 在保留大疆经纬 M210 V2 所有功能的基础上，额外内置高性能 RTK 模块，支持网络 RTK，同时兼容 D-RTK 2 高精度 GNSS 移动站。用户可根据需要选择购买移动网卡套装（网络 RTK）或大疆 D-RTK 2 高精度 GNSS 移动站经纬版。大疆经纬 M210 RTK V2 可储存大疆官方负载与第三方负载的 PPK 数据，用户可使用 PPK 相关软件进行后处理差分。

大疆经纬 M210 RTK V2 配备自加热双电池，即电池在低温环境下可以自动升温，从而在 –20℃至 50℃环境下皆可正常工作。该无人机的最大载重为 1.23 千克，最大起飞海拔高度为 3 千米，可承受最大风速为 12 米 / 秒，悬停时的垂直精度和水平精度均为 ±0.1 米。

小知识：

后处理差分是一种测量数据的处理方式。实时差分是在 GPS 接收机接收到卫星信号后，通过无线电信号或互联网传输实时计算出 GPS 单点位置与真实位置，后处理差分则是在 GPS 数据采集完成后再进行处理。总结，实时差分主要针对需要即时反馈和高精度定位的应用场景，后处理差分适合对时间精度要求相对较低但能够得到更加准确结果的场景。

飞行中的大疆经纬 M210 RTK V2 无人机

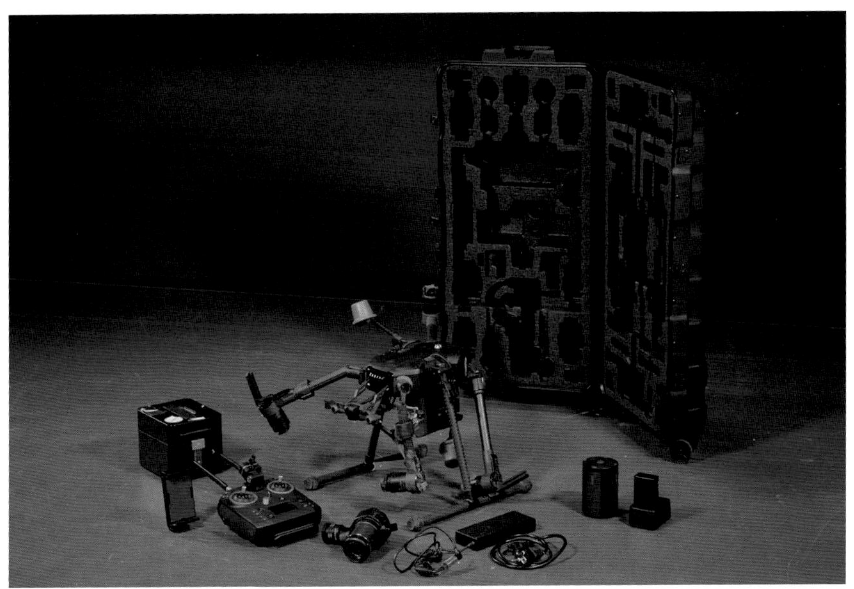

大疆经纬 M210 RTK V2 无人机及其全套配件

大疆经纬 M300 RTK 无人机

大疆经纬 M300 RTK 是深圳市大疆创新科技有限公司于 2020 年 5 月发布的行业级无人机，适用于应急搜救、消防救援、警用执法、电力巡检、油气巡检、地理信息测绘等领域。

基本参数	
长 × 宽 × 高（毫米）	810×670×430
整机重量	6.3 千克
最大上升速度	6 米 / 秒
最大下降速度	5 米 / 秒
最大平飞速度	82.8 千米 / 时
最大飞行时间	55 分钟
最远遥控距离	15 千米
电池容量	5935 毫安时 ×2

大疆经纬 M300 RTK 采用全新的机身结构和动力系统设计，提供下置双云台、上置单云台和 Onboard SDK 开放接口。可同时支持 3 个负载，最大载重达 2.7 千克，让负载配置更加灵活。该无人机可以搭载禅思 H20N、L1、P1、H20、H20T、XTS、XT2、Z30 以及基于大疆 Payload SDK 开发的第三方负载。

大疆经纬 M300 RTK 采用 OcuSync 行业版图传系统，具有远达 15 千米的控制距离，可实现三通道 1080P 图传。该图传系统支持 2.4/5.8 GHz 双频通信，作业过程中自动实时切换至最佳信道，复杂环境下依然能有效抵抗干扰。同时配备 AES-256 图传加密技术，始终保障数据传输安全。此外，还支持 LTE 备份链路，从而进一步提高图传可靠性。

飞行中的大疆经纬 M300 RTK 无人机

大疆经纬 M300 RTK 无人机及其遥控器

大疆经纬 M30 无人机

大疆经纬 M30 是深圳市大疆创新科技有限公司于 2022 年 3 月发布的行业级无人机。

基本参数	
长 × 宽 × 高（毫米）	470×585×215
整机重量	3.77 千克
最大上升速度	6 米 / 秒
最大下降速度	5 米 / 秒
最大平飞速度	82.8 千米 / 时
最大飞行时间	41 分钟
最远图传距离	15 千米
电池容量	5880 毫安时 ×2

大疆经纬 M30 机身结构紧凑，动力系统强劲，具有更高的作业效率。具备 IP55 防护等级，工作环境温度范围达 –20℃～ 50℃，可轻松应对极端恶劣环境。机身六个方向都具备双目视觉及近红外传感器，能够全方位避障，保障飞行安全。内置 ADS-B 信号接收器，可及时发现周边其他飞行器并发出警告。为最大程度保证飞行安全，大疆经纬 M30 的飞行器系统和传感器都做了冗余设计，具体包括飞控传感器冗余、感知系统冗余、动力系统双链路冗余、双智能电池冗余、图传链路冗余等。飞行器自带机臂锁定功能，若机臂未正确展开，应用程序会发出警告并禁止起飞。

大疆经纬 M30 高度集成了 1200 万像素广角相机（84 度视角、f/2.8 光圈、4K/30fps 视频分辨率）、4800 万像素变焦相机（5 ～ 16 倍光学变焦、最大 200 倍混合变焦、4K/30fps 视频分辨率）、激光测距仪（3 ～ 1200 米测量范围），无论距离远近、白天还是黑夜，目标尽在掌握之中。

大疆经纬 M30 无人机及其携行箱

折叠状态的大疆经纬 M30 无人机

大疆经纬 M30T 无人机

大疆经纬 M30T 是深圳市大疆创新科技有限公司于 2022 年 3 月发布的行业级无人机。

大疆经纬 M30T 在大疆经纬 M30 的基础上增加了热成像相机，分辨率为 640×512，等效焦距为 40 毫米，测温精度为 ±2℃。该无人机支持单拍、超清矩阵拍照、定时拍摄、全景拍照和低光智能拍照。图传方面，采用大疆 O3 图传行业版，搭载 4 个天线，2 路发射信号，4 路接收信号，最多同时支持 3 路 1080P 图传。同时，支持大疆 Cellular 模块，4G 网络图传与大疆 O3 图传行业版可同时工作。

基本参数	
长 × 宽 × 高（毫米）	470×585×215
整机重量	3.77 千克
最大上升速度	6 米 / 秒
最大下降速度	5 米 / 秒
最大平飞速度	82.8 千米 / 时
最大飞行时间	41 分钟
最远续航里程	15 千米
电池容量	5880 毫安时 ×2

大疆经纬 M30T 配备大疆 RC Plus 遥控器，拥有 7 英寸显示屏，支持双控模式，双外置天线可替换，最长续航可达 6 小时。Pilot 2 飞行任务软件具有全新的功能设计及交互界面，让作业效率和飞行安全大幅提升。无人机控制及相机操作一键可达，任务信息与飞行状态清晰呈现。配合屏边按键、波轮及自定义按键，轻松实现目标标记、相机切换等快捷操作，以及手不离杆流畅作业。

飞行中的大疆经纬 M30T 无人机

停在地面上的大疆经纬 M30T 无人机

大疆御 3E 无人机

大疆御 3E 是深圳市大疆创新科技有限公司于 2022 年 9 月发布的小型行业级无人机。

基本参数	
长 × 宽 × 高（毫米）	347.5×283×107.7
整机重量	0.915 千克
最大上升速度	8 米 / 秒
最大下降速度	6 米 / 秒
最大平飞速度	75.6 千米 / 时
最大飞行时间	45 分钟
最远续航里程	32 千米
电池容量	5000 毫安时

大疆御 3E 搭载的 2000 万像素广角相机采用 4/3 CMOS 影像传感器，支持机械快门，可实现最快 0.7 秒间隔连拍，大幅提高测绘作业效率。该无人机还配备了 1200 万像素高清长焦相机，支持最大 56 倍混合变焦，可远距离观察目标。

大疆御 3E 配备了鱼眼镜头，可实现无盲区全向感知。同时支持设置告警和刹停距离，灵活应对不同作业需求。基于全向感知能力，大疆御 3E 在面对起伏地形时，可实时构建三维信息，无须提前导入外部数据，也可自动仿地飞行，保证建图精度。飞行过程中，云台可以于前、中、后三个方向摆动拍摄，两条航线即可采集高精度三维模型，从而大幅提升倾斜摄影效率。大疆御 3E 的巡航时间长达 45 分钟，有效作业时长及作业半径大幅提升，单架次可完成面积 2 平方千米区域的测绘作业。

大疆御 3E 无人机及其携行箱

折叠状态的大疆御 3E 无人机

大疆御 3T 无人机

大疆御 3T 是深圳市大疆创新科技有限公司于 2022 年 9 月发布的小型行业级无人机，其拥有广角、长焦及热成像相机，适用于消防、搜救、巡检、夜间作业等场景。

基本参数	
长 × 宽 × 高（毫米）	347.5×283×107.7
整机重量	0.92 千克
最大上升速度	8 米 / 秒
最大下降速度	6 米 / 秒
最大平飞速度	75.6 千米 / 时
最大飞行时间	45 分钟
最远续航里程	32 千米
电池容量	5000 毫安时

大疆御 3T 的热成像相机，分辨率高达 640×512，测温精度为 ±2℃，支持点测温、区域测温、高温警报、调色盘及等温线等功能，可快速定位目标，辅助作业决策。热成像相机和可见光相机可实现 28 倍联动变焦及连续变焦，便于高效比对，确认细节。此外，大疆御 3T 还配备了 4800 万像素广角相机（采用 1/2 英寸 CMOS 影像传感器）和 1200 万像素高清长焦相机。

大疆御 3T 采用大疆 O3 图传行业版，搭载 4 个天线，2 路发射信号，4 路接收信号，最大图传距离达 15 千米。无人机及遥控器都支持大疆 Cellular 模块（TD-LTE 无线数据终端）。4G 增强图传与 O3 图传行业版可同时工作，能够轻松应对各类复杂环境，使飞行更安全。

飞行中的大疆御 3T 无人机

大疆御 3T 无人机编队

道通智能龙鱼 Standard 无人机

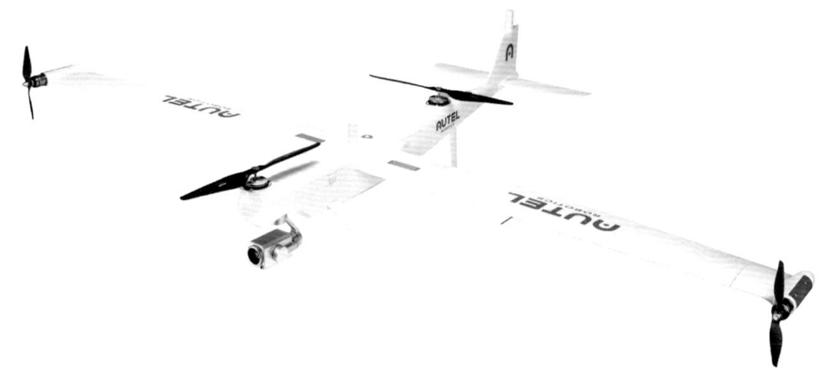

道通智能龙鱼 Standard（Dragonfish Standard）是深圳市道通智能航空技术股份有限公司于 2020 年 9 月发布的行业级无人机，其是龙鱼系列无人机中的标准版，适用于警用执法、森林防火、电力巡检、交通执法、海防打私、农业检测等领域。

基本参数	
长 × 宽 × 高（毫米）	1290×2300×460
整机重量	7.5 千克
最大载重	1.5 千克
最大上升速度	5 米 / 秒
最大下降速度	5 米 / 秒
最大平飞速度	108 千米 / 时
最大飞行时间	126 分钟
最大起飞海拔高度	6 千米

道通智能龙鱼 Standard 采用独特的倾转翼尖设计，具有多旋翼垂直起降和固定翼长时续航的双重优势，机动、灵活，适应各种复杂起降条件。整机采用快拆和高效气动设计，解决了传统垂直起降固定翼无人机体积大、运输不便的问题，并使飞行性能达到行业领先水平。该无人机采用窄体机身和电机半埋设计，机身无副翼，展弦比高，结构重量轻，同时结合固定翼飞行状态自动锁桨技术，进一步减小了高速飞行时的风阻。

道通智能龙鱼 Standard 采用 30 千米（需使用基站）双频高清图传，能够实现超远距离稳定无忧作业。工业级飞控与导航系统能够保证无人机全程自主飞行，搭载道通慧眼 M1、Z2、T3、T3H、L20T 等不同负载，满足不同场景作业需求。道通智能龙鱼 Standard 与同系列机型采用共载荷设计，大部分挂载可互通、互换，从而大幅提升产品复用价值。

道通智能龙鱼 Standard 无人机准备起飞

飞行中的道通智能龙鱼 Standard 无人机

道通智能龙鱼 Lite 无人机

道通智能龙鱼 Lite 是深圳市道通智能航空技术股份有限公司于 2020 年 9 月发布的行业级无人机，其是龙鱼系列无人机中的精简版，具有较轻的自重和快拆结构。

道通智能龙鱼 Lite 集成了 ADS-B 接收器，能够实时接收附近的载人飞机发出的信号，实现威胁的预警和避让，从容应对空中交通管制。同时集成了高性能双擎 RTK 和常规 GNSS 定位模块，双定位系统相互备份，拥有厘米级的定位能力和精准的航向，以及强大的抗磁干扰能力，极大地提高了图像元数据精细度，保障飞行安全，为精准飞行赋能。道通智能龙鱼 Lite 支持全球四大卫星导航系统，获取实时差分数据。

基本参数	
长 × 宽 × 高（毫米）	965×1600×350
整机重量	4.5 千克
最大载重	1 千克
最大上升速度	5 米 / 秒
最大下降速度	5 米 / 秒
最大平飞速度	108 千米 / 时
最大飞行时间	81 分钟
最大起飞海拔高度	4 千米

道通智能龙鱼 Lite 可以搭载道通慧眼 M1、Z2、T3、T3H 等负载。其地面站采用三星 EXYNOS 八核处理器，配备 9.7 英寸 TFT-LCD 电容式触摸屏，分辨率高达 2048×1536，续航时间可达 4.5 小时。通过 Autel Voyager 飞行控制软件，可实时显示飞行状态，实现航点航线规划、指点飞行、飞行历史记录等多种专业功能。

道通智能龙鱼 Lite 无人机正前方视角

道通智能龙鱼 Lite 无人机侧前方视角

道通智能龙鱼 Pro 无人机

道通智能龙鱼 Pro 是深圳市道通智能航空技术股份有限公司于 2020 年 9 月发布的行业级无人机，其是龙鱼系列无人机中的专业版，在续航突破的基础上增加了毫米波雷达，大幅提高了作业安全性。

基本参数	
长 × 宽 × 高（毫米）	1650×3040×460
整机重量	14.5 千克
最大载重	2.5 千克
最大上升速度	5 米 / 秒
最大下降速度	5 米 / 秒
最大平飞速度	108 千米 / 时
最大飞行时间	158 分钟
最大起飞海拔高度	6 千米

道通智能龙鱼 Pro 在非 GPS 环境中会激活降落保护特性，自动在当前位置降落；当无人机电池电量达到设定的阈值时会启动自动返航，若电池电量低于 15% 时则会自动原地降落；若无人机与地面站之间的通信中断，失控保护将启动，此时若有 GPS 信号，无人机将自动返航。

道通智能龙鱼 Pro 可搭载道通慧眼 M1、Z2、T3、T3H、L20T、L50T 等负载。龙鱼系列无人机通用的慧眼 M1 拥有可见光传感器和 6 个多光谱传感器。慧眼 Z2、T3、T3H、L20T 均拥有适应不同应用领域的相机匹配。而只适用于道通智能龙鱼 Pro 的慧眼 L50T 拥有 4K 50 倍光学变焦相机、1200 万像素广角相机、1280×1024 分辨率的红外热成像相机和激光测距雷达。搭载慧眼 L50T 后，道通智能龙鱼 Pro 可实现 50 倍光学变焦和 240 倍混合变焦。即使观测 2 千米外的目标，细节依然清晰可见，并且作业人员无须前往现场，这不仅提高了工作效率，也保障了人员与飞行设备的安全。

道通智能 EVO II Dual 640T V2 无人机

道通智能 EVO II Dual 640T V2 是深圳市道通智能航空技术股份有限公司于 2020 年 4 月发布的行业级无人机。

道通智能 EVO II Dual 640T V2 采用铝镁合金架构、模块化设计，能够实现云台快拆，按需更换。其动力强劲，有效载荷达 900 克。该无人机兼容 Live Deck 远程直播设备，可实现任务现场与指挥中心视频实时共享。

基本参数	
长 × 宽 × 高（毫米）	457×558×108
整机重量	1.15 千克
最大上升速度	8 米 / 秒
最大下降速度	4 米 / 秒
最大平飞速度	72 千米 / 时
最大飞行时间	38 分钟
最远遥控距离	9 千米
电池容量	7100 毫安时

道通智能 EVO II Dual 640T V2 配备的 8K 相机可录制分辨率 7680×4320 的视频，4 倍于 4K 的超高清影像，从而还原真实现场，不遗漏任何重要信息。同时支持 4K HDR 视频，能抑制强光，同时显示暗部细节，在复杂光线环境下，还原真实场景。该无人机还配备了分辨率高达 640×512 的红外热成像相机，同时配备了 13 毫米焦距镜头，16 倍变焦功能，人员识别距离可达 100 米以上，能够轻松辨别远处目标。红外热成像相机支持多达 10 种伪彩显示模式，能够应对各种复杂的拍摄环境和光照条件，凸显观测主体，提升观测质量。

道通智能 EVO II Dual 640T RTK V2 无人机

道通智能 EVO II Dual 640T RTK V2 是深圳市道通智能航空技术股份有限公司于 2020 年 4 月发布的行业级无人机。

道通智能 EVO II Dual 640T RTK V2 配备了高分辨率热成像相机及 8K 可见光相机，高清成像，捕捉细节，洞悉全局。热成像相机分辨率为 640×512，可于 2 ～ 15 米距离内精准探测热源，并采用先进的红外距离补偿算法，将测温误差控制在 ±3℃。

基本参数	
长 × 宽 × 高（毫米）	457×558×143
整机重量	1.25 千克
最大上升速度	8 米 / 秒
最大下降速度	4 米 / 秒
最大平飞速度	72 千米 / 时
最大飞行时间	36 分钟
最远遥控距离	9 千米
电池容量	7100 毫安时

道通智能 EVO II Dual 640T RTK V2 为用户提供了全方位的智能应用方案，以先进的飞控技术与 AI 智能技术，全面提升作业质量，降低作业成本。用户在地图上设定飞行路径后，无人机即可按指定的飞行路径飞行，全程自主化作业，高效安全。该无人机还可记录拍摄位置，下次起飞时无人机即可自动悬停至相同位置，并将云台转向相同方向，找历史参数拍摄相同的图像。

道通智能 EVO II Dual 640T Enterprise V2 无人机

道通智能 EVO II Dual 640T Enterprise V2 是深圳市道通智能航空技术股份有限公司于 2020 年 4 月发布的行业级无人机。

基本参数	
长 × 宽 × 高 (毫米)	506×620×111
整机重量	1.137 千克
最大上升速度	8 米 / 秒
最大下降速度	4 米 / 秒
最大平飞速度	72 千米 / 时
最大飞行时间	42 分钟
最远遥控距离	13 千米
电池容量	7100 毫安时

得益于全新动力系统与碳纤维结构设计，道通智能 EVO II Dual 640T Enterprise V2 的飞行性能得到全面优化。该无人机配备了行业领先的双频图传系统，提供更强的抗干扰性，稳定传输 1080P 高清画面。依托于全向感知及避障功能，该无人机最多同时识别 64 个物体，并能快速精准锁定目标物体。即使在复杂环境下，也能够实现追踪目标、任务飞行和指点飞行。

道通智能 EVO II Dual 640T Enterprise V2 内置红外传感器与高速处理器，提供多种测温功能（指点测温、区域测温、温度报警、画中画模式、等温线、图像增强），便于解读温度数据。该无人机支持数据加密，在应用程序中输入密码方可访问内外置存储中的多媒体数据，从而有效保障敏感信息安全，让用户放心作业。

道通智能 EVO II Pro RTK V2 无人机

道通智能 EVO II Pro RTK V2 是深圳市道通智能航空技术股份有限公司于 2020 年 4 月发布的行业级无人机。

基本参数	
长 × 宽 × 高（毫米）	457×558×143
整机重量	1.237 千克
最大上升速度	8 米 / 秒
最大下降速度	4 米 / 秒
最大平飞速度	72 千米 / 时
最大飞行时间	36 分钟
最远遥控距离	9 千米
电池容量	7100 毫安时

道通智能 EVO II Pro RTK V2 继承了道通智能 EVO II 的折叠式机身设计，小巧轻便，展开即用，并能够快速进入工作状态，方便作业携带。该无人机拥有更清晰的拍摄效果以及强大的光线感知能力，让作业场景清晰呈现，不错过任何细节信息。其相机采用 1 英寸 2000 万像素 CMOS 影像传感器，配备三轴增稳云台、f/2.8 ～ f/11 可调光圈，最高可拍摄 6K/30fps 视频，视频最大码流为 120 Mbps。

道通智能 EVO II Pro RTK V2 采用高精度 RTK 模块，用户可选择网络 RTK 或自行架设基站。系统提供卫星原始观测值与相机曝光文件，支持 PPK 后处理，其精准的时间同步功能不受限于通信链路与网络覆盖，从而保证了免像控的实现。

道通智能 EVO II Pro Enterprise V2 无人机

道通智能 EVO II Pro Enterprise V2 是深圳市道通智能航空技术股份有限公司于 2020 年 4 月发布的行业级无人机，适用于治安巡逻、交通巡查、电力巡检、消防救援、野外救援、工程测绘等领域。

基本参数	
长 × 宽 × 高（毫米）	506×620×111
整机重量	1.11 千克
最大上升速度	8 米 / 秒
最大下降速度	4 米 / 秒
最大平飞速度	72 千米 / 时
最大飞行时间	42 分钟
最远遥控距离	13 千米
电池容量	7100 毫安时

道通智能 EVO II Pro Enterprise V2 基于 Autel 行业应用解决方案，支持拓展机载模块，将无人机从单纯的影像工具升级为可适配不同作业场景的多功能飞行平台。该无人机搭载的可见光相机采用 1 英寸 2000 万像素 CMOS 影像传感器，配备三轴增稳云台、f/2.8 ～ f/11 可调光圈，支持 16 倍数码变焦和 3 倍无损变焦，让无人机在与拍摄目标保持安全距离的同时轻松获取高清影像。

道通智能 EVO II Pro Enterprise V2 可选配探照灯，以便在低照度环境下提供远距离空中照明，解决夜间搜索与拍摄时的光照问题。同时还可选配夜航灯，通过不断闪烁的高强度爆闪灯光，在夜间指示飞行器位置，避免发生空中交通事故。

道通智能 EVO II Enterprise V3 无人机

道通智能 EVO II Enterprise V3 是深圳市道通智能航空技术股份有限公司于 2022 年 9 月发布的行业级无人机。

道通智能 EVO II Enterprise V3 集超感光影像系统、15 千米高清图传系统和定制拓展配件于一体，优化了空中作业机制，可满足巡检、搜救、执法、消防等各个专业领域的飞行需求。折叠式机身设计便于一手握持，展开即用，为行业用户提供更高效易用的空中作业工具。

基本参数	
长 × 宽 × 高（毫米）	506×620×111
整机重量	1.11 千克
最大上升速度	8 米 / 秒
最大下降速度	4 米 / 秒
最大平飞速度	72 千米 / 时
最大飞行时间	42 分钟
最远遥控距离	15 千米
电池容量	7100 毫安时

道通智能 EVO II Enterprise V3 的相机采用全新的索尼 1 英寸 2000 万像素 CMOS 影像传感器，支持高达 6K/30fps 的视频拍摄，具备更大的动态范围、更优异的噪点抑制能力及更高的帧率，在飞行任务中有利于拍摄更多的画面细节。相机还配备了 f/2.8 ～ f/11 可调光圈，无论是在明亮还是昏暗的光照环境中，都能通过调节光圈，获得出色的影像表现。该无人机采用 Autel SkyLink 2.0 图传技术，支持 2.4GHz、5.8GHz、900MHz 三个频段的传输，1 千米内图传画质可达到 2.7K，并可根据实际环境自适应切换传输频段，保障信号传输稳定流畅，为拍摄作业保驾护航。

道通智能 EVO II Dual 640T V3 无人机

道通智能 EVO II Dual 640T V3 是深圳市道通智能航空技术股份有限公司于 2022 年 9 月发布的行业级无人机。

道通智能 EVO II Dual 640T V3 采用折叠式机身，展开即用，从开机到起飞只需 45 秒。其可见光相机采用1/1.28英寸CMOS影像传感器，以及 RYYB 阵列，直出 5000 万像素照片，能够发现更多细节，协助取证，从而实现精准判断。同时，得益于超感光算法 2.0，在低光照条件下，该无人机具备卓越的噪点抑制能力，使用高感光度依然可以拍摄清晰的 4K 夜景视频。搭配 640×512 高分辨率红外热成像相机，以及相机的 13 毫米焦距镜头和 16 倍数码变焦功能，可以轻松观测远处目标。影像系统采用全新图像处理算法，使得热成像细节更加清晰明了。

基本参数	
长 × 宽 × 高 (毫米)	457×558×108
整机重量	1.15 千克
最大上升速度	8 米 / 秒
最大下降速度	4 米 / 秒
最大平飞速度	72 千米 / 时
最大飞行时间	38 分钟
最远遥控距离	15 千米
电池容量	7100 毫安时

道通智能 EVO II Dual 640T V3 的机身配备 12 路视觉传感器，融合主相机、超声波、IMU 等 19 组感器，实时构建三维地图和规划路径，不仅仅是感知，更可实现多角度全方位避障，轻松穿越丛林、高山、城市等复杂地带，为飞行任务保驾护航。

道通智能 EVO II Dual 640T RTK V3 无人机

道通智能 EVO II Dual 640T RTK V3 是深圳市道通智能航空技术股份有限公司于 2022 年 9 月发布的行业级无人机。

基本参数	
长 × 宽 × 高（毫米）	457×558×143
整机重量	1.25 千克
最大上升速度	8 米 / 秒
最大下降速度	4 米 / 秒
最大平飞速度	72 千米 / 时
最大飞行时间	38 分钟
最远遥控距离	15 千米
电池容量	7100 毫安时

道通智能 EVO II Dual 640T RTK V3 集成 RTK 模块，可在 3 分钟内提供实时厘米级定位数据，并支持 PPK 后处理。该无人机能够记录卫星原始观测数据、相机曝光参数等数据。定位系统支持 RTK 基站和网络 RTK，复杂环境中作业依然能精确、稳定地实现数据采集，助力行业应用。道通智能 EVO II Dual 640T RTK V3 连接到 NTRIP 网络，无须地面控制点即可提供厘米级精度。同时，该无人机兼容所有支持 NTRIP 协议的第三方基站。

道通智能 EVO II Dual 640T RTK V3 同时搭载了高分热成像传感器和 1/1.28 英寸 5000 万像素 RYYB 阵列 CMOS 传感器。红外热成像相机分辨率达 640×512，镜头焦距达 13 毫米，人员识别距离达 100 米以上。2 ～ 20 米距离内能够精准探测热源，并采用先进的红外距离补偿算法，将测温误差控制在 ±3℃。

单手握持道通智能 EVO II Dual 640T RTK V3 无人机

道通智能 EVO II Dual 640T RTK V3 无人机正在执行电力巡检任务

道通智能 EVO II Pro RTK V3 无人机

道通智能 EVO II Pro RTK V3 是深圳市道通智能航空技术股份有限公司于 2022 年 9 月发布的行业级无人机。

道通智能 EVO II Pro RTK V3 配备的相机采用 1 英寸 2000 像素超感光 CMOS 传感器，具备卓越的噪点抑制能力，最高可拍摄 6K/30fps 视频。在低光照环境中，使用高感光度依然可以拍摄干净清晰的 4K 视频。f/2.8 ～ f/11 可调光圈，通过调节镜头光圈大小，适应户外光照变化，让画面呈现更多层次和更清楚的图像。

基本参数	
长 × 宽 × 高（毫米）	457×558×143
整机重量	1.237 千克
最大上升速度	8 米 / 秒
最大下降速度	4 米 / 秒
最大平飞速度	72 千米 / 时
最大飞行时间	38 分钟
最远遥控距离	15 千米
电池容量	7100 毫安时

道通智能 EVO II Pro RTK V3 标配 Autel 智能遥控器 V3，该遥控器采用 7.9 英寸高亮显示屏，不畏强光，从而清晰呈现实时信息。基于 Autel SkyLink 2.0 的三频图传技术，能够保障信号传输的抗干扰性，用户可在远至 15 千米的距离内完成对无人机的操作与设置。定制化安卓系统，用户可下载安装第三方应用程序，让工作更高效。例如，专业用户通常有多个不同 RTK 账号，在不同地区使用 Autel Explorer 应用程序能自动保存多个用户名和密码，以方便用户快速切换账号。

搭载不同相机的道通智能 EVO II Pro RTK V3 无人机

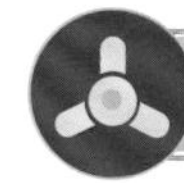

道通智能 EVO Max 4T 无人机

道通智能 EVO Max 4T 是深圳市道通智能航空技术股份有限公司于2023 年 1 月发布的小型行业级无人机，适用于电力巡检、应急救援、警用执法、地理测绘、消防救援等领域。

基本参数	
长 × 宽 × 高（毫米）	562×651×147
整机重量	1.62 千克
最大上升速度	8 米 / 秒
最大下降速度	6 米 / 秒
最大平飞速度	82.8 千米 / 时
最大飞行时间	42 分钟
最远遥控距离	20 千米
电池容量	8070 毫安时

道通智能 EVO Max 4T 采用“双目鱼眼视觉 + 毫米波雷达”的多源传感器融合感知技术，具备 720 度全方位感知和避障能力，即便在桥底、水面、高压电线等复杂的作业环境，也能保障飞行安全和避障。机身内置的飞控计算单元、GPS 接收模块和图传模块，使其能够识别飞控干扰信号以及卫星定位干扰信号，具有卓越的抗电磁、抗射频和抗 GPS 诱骗特性。

道通智能 EVO Max 4T 集广角、变焦、红外、激光测距等多种负载于一体，多传感器之间智能联动，突破视觉限制，为全天候作业带来革命性的体验。该无人机拥有 A-Mesh 组网技术，可实现无人机与无人机之间，无人机与地面终端之间多设备自由组网，支持“一控多机”“主从双控”等多种模式，即便在长距跨越、障碍跨越，山头、建筑绕飞，甚至是无网络区域，也能实现网络内多设备自由组网，协同作业，突破了常规无人机的作业边界，实现空地一体网络覆盖，从容应对复杂地形。

道通智能 EVO Max 4T 无人机折叠状态

道通智能 EVO Max 4T 无人机准备起飞

Freefly Alta X 无人机

Freefly Alta X 是美国 Freefly Systems 公司于 2019 年发布的行业级影视航拍无人机。

基本参数	
展开直径（含桨叶）	2273 毫米
整机重量	10.4 千克
最大有效载荷	16 千克
最大起飞重量	34.86 千克
最大上升速度	10 米 / 秒
最大平飞速度	137 千米 / 时
最大飞行时间	50 分钟
抗风能力	5 级

Freefly Alta X 是一款可折叠四轴航拍无人机，它采用了独特的全新螺旋桨设计，即 Active Blade。这种设计大幅减少了桨叶产生的抖动。Freefly Systems 公司的宣传视频指出，当 Freefly Alta X 在空中飞行时，Active Blade 可以补偿升力和循环负载的不对称性。Freefly Alta X 的机臂外端装有方向灯，用户可通过应用程序设置灯光颜色（红色、橙色、黄色、绿色、蓝色、紫色、白色等）或关闭方向灯。

Freefly Alta X 可容纳各种集成传感器和第三方有效载荷，如电光 / 红外（EO/IR）万向节传感器、RTK/PPK 测绘相机、激光雷达、高光谱传感器等。在没有负载的情况下，它的最大飞行时间为 50 分钟。当搭载 MoVI Carbon 五轴防震云台相机（约 9 千克）时，其最大飞行时间为 22 分钟。其最大有效载荷为 16 千克，该载荷对应的最大飞行时间为 11 分钟。

飞行中的 Freefly Alta X 无人机

Freefly Alta X 无人机在高海拔地区起飞

格桑 GA50 无人机

格桑 GA50 是北京格桑宏泰航空科技有限公司研制的高原型货运无人机。

基本参数	
长 × 宽 × 高（毫米）	2457×2080×600
最大起飞重量	50 千克
最大有效载荷	20 千克
实用升限	6 千米
最大平飞速度	195 千米 / 时
最大飞行时间	40 分钟
最远续航里程	60 千米
抗风能力	8 级

格桑 GA50 是一款涵道风扇与固定翼融合的全电无人机，能够垂直起降、悬停和最大速度平飞。该无人机走的是轻巧便携路线，突出“嵌入式”列装，不需要组建专门的无人机使用团队，只需在现有运输建制中配备车载无人机方舱，通过对运输人员的一专多能培训，就可执行无人机远程物资投送任务。由于该无人机轻巧且可折叠，非常利于路运转场，加上特有的隐身构型，因而具备了改装为其他特种装备的巨大潜力。

格桑 GA50 专门针对高原、高寒、强风和强电磁干扰应用场景开发，能够在恶劣环境条件下执行物资投送任务。其最大起飞海拔高度为 6 千米，最低环境温度为－40℃，能够抵抗 8 级强风，在复杂电磁环境下能够保持系统正常工作和空地数据互联。

禾启 Swan-K1 EN 无人机

禾启 Swan-K1 EN 是深圳市禾启智能科技有限公司专为行业打造的轻量化安防、巡检飞行平台。

基本参数	
长 × 宽 × 高（毫米）	580×470×202
整机重量	1.12 千克
最大上升速度	8 米 / 秒
最大下降速度	5 米 / 秒
最大平飞速度	90 千米 / 时
最大飞行时间	60 分钟
最远遥控距离	15 千米
电池容量	5500 毫安时

禾启 Swan-K1 EN 的机体采用了快拆设计，用户只需 3 分钟就能快速组装使用，是一款便携、高效、实用的巡查无人机。该无人机采用 2212 980KV 电机、9060 桨叶和 4S 高压聚合物电池，最远续航里程可达 45 千米。

禾启 Swan-K1 EN 搭载了三轴机械增稳高清云台相机和 15 千米高清图传系统，采用禾启自主开发的飞行控制系统，配备 Mk 15 带屏幕遥控器。其云台相机采用 1/2.3 英寸 1200 万像素 CMOS 影像传感器，f/2.8 光圈，视角为 80 度～ 100 度，等效焦距为 24 毫米，ISO 范围为 100 ～ 3200。禾启 Swan-K1 EN 最高可拍摄 4K/30fps 视频，也可拍摄 2.7K/60fps、1080P/60fps 等规格的视频。数字变焦范围为 2 倍（4K）/3 倍（2.7K）/4 倍（1080P）。

禾启 Swan-K1 Mapping 无人机

禾启 Swan-K1 Mapping 是深圳市禾启智能科技有限公司研制的固定翼无人机，适用于测绘、测量、远程检查、电力巡检、城市规划、能源项目、道路建设项目、矿山测量等行业应用。

禾启 Swan-K1 Mapping 具有轻量化、便于携带、方便拆解安装、可单人操作、续航时间长等优点，可垂直起降，也可一键切换飞行模式。它采用了无舵面控制技术，给用户带来极简操控体验的同时，还能够做到厘米级的测图精度，真正实现了免像控测量。

基本参数	
长 × 宽 × 高（毫米）	580×470×202
整机重量	1.12 千克
最大上升速度	8 米 / 秒
最大下降速度	5 米 / 秒
最大平飞速度	90 千米 / 时
最大飞行时间	60 分钟
最远续航距离	5 千米
电池容量	5500 毫安时

禾启 Swan-K1 Mapping 配备了 2400 万像素 APS 画幅相机，影像传感器尺寸为 23.5×15.6 毫米，镜头卡口为索尼 E 卡口。该无人机 PPK 模组的操作温度为－30℃～75℃，更新速率为 10Hz/5Hz，数据存储空间为 16GB。

昊翔旋风 H920 无人机

昊翔旋风 H920（Tornado H920）是昊翔电能运动科技（昆山）有限公司于 2015 年 12 月发布的行业级航拍无人机。

昊翔旋风 H920 拥有紧凑的结构和可折叠机臂，便于携带。六旋翼设计增强了无人机的动力，同时也提高了安全性能。该无人机在飞行过程中，起落架会收起，避免阻挡航拍视界。昊翔旋风 H920 操作简单，真正实现“到手即飞”，新手和专业飞手都可轻松掌控。内置 GPS 模块可连接卫星信号，从而锁定方位和坐标。GPS 锁定时，即使飞手双手离开遥控器，昊翔旋风 H920 也会悬停在当前位置。

基本参数	
长 × 宽 × 高 (毫米)	919×797×457
整机重量	4.99 千克
最大上升速度	2 米 / 秒
最大下降速度	3 米 / 秒
最大平飞速度	38 千米 / 时
最大飞行时间	25 分钟
最远续航里程	2 千米
电池容量	4000 毫安时

昊翔旋风 H920 配备了 ST24 遥控器，采用人性化舒适握持设计，具有 7 英寸触控显示屏，操作非常流畅。该无人机也可配合 ProAction 手持支架使用，将航拍视野从天空扩展到地面，为用户提供专业地空一体影像解决方案。ProAction 手持支架搭载 GB603 三轴自稳云台，即使地况复杂，用户也可精确控制相机角度，捕捉到清晰流畅的图像和视频。

昊翔旋风 H920 Plus 无人机

昊翔旋风 H920 Plus 是昊翔电能运动科技（昆山）有限公司于 2017 年 2 月发布的行业级航拍无人机。

基本参数	
长 × 宽 × 高 (毫米)	797×920×461
整机重量	5 千克
最大上升速度	2 米 / 秒
最大下降速度	3 米 / 秒
最大平飞速度	40 千米 / 时
最大飞行时间	24 分钟
最远遥控距离	1.6 千米
电池容量	4000 毫安时

昊翔旋风 H920 Plus 在昊翔旋风 H920 的基础上对细节部分进行了完善，并在功能上进行了扩充。该无人机的改进主要包括：配备升级版遥控器，使其操控更加简单；采用快拆桨设计，使其携带更加方便；增加多种飞行模式；等等。

基于昊翔与日本松下公司的深度合作关系，昊翔将松下公司出色的相机品质与自身倍受赞誉的研发技术相结合，研发出了 CGO4 云台相机。该相机性能出众，内置松下 GH4 相机机芯，配备了 3 倍变焦镜头，可拍摄 1600 万像素照片，录制高达百兆码流的 4K 高清零畸变视频。用户可以通过 ST16 遥控器显示屏上的变焦条和 ST16 遥控器右侧的 K6 滚轮调焦。

昊翔旋风 H920 Plus 无人机及其遥控器

昊翔旋风 H920 Plus 无人机螺旋桨特写

昊翔 H520 无人机

昊翔 H520 是昊翔电能运动科技（昆山）有限公司于 2017 年 8 月发布的行业级航拍无人机。

相较于之前的行业级无人机，昊翔 H520 在飞行平台、有效负荷、飞行稳定性、机动性等方面都有所提升。其最大的亮点在于多平台相机和降噪性能。昊翔 H520 在一个飞行平台上提供了三种应用于不同领域的相机，分别为拥有 1 英寸 2000 万像素 CMOS 影像传感器的 E90 云台相机、50 毫米中焦距 E50 云台相机、CGO-ET 热成像 RGB 相机。通过搭配不同的相机，可满足执法、救援、消防勘察、3D 建模、测绘、巡检、新闻播报、影视制作等细分场景的需求。目前，无人机噪声普遍较大，而昊翔 H520 可大大降低无人机的噪声，甚至可以达到“无声”状态，为武警人员从事执法、探测活动提供有力帮助。

基本参数	
长 × 宽 × 高（毫米）	520×455×295
整机重量	1.633 千克
最大上升速度	4 米 / 秒
最大下降速度	5 米 / 秒
最大平飞速度	50 千米 / 时
最大飞行时间	28 分钟
最远遥控距离	1.6 千米
电池容量	5250 毫安时

为应对工业及商业环境里的应用需求，昊翔 H520 在紧急情况下可自动启动“五桨安全模式”，并采用辨识度高的橙色警示机身。昊翔 H520 支持热插拔功能，无须关机、重启即可进行云台相机间的无缝切换。

飞行中的昊翔 H520 无人机

昊翔 H520 无人机及其遥控器

昊翔 H520E 无人机

昊翔 H520E 是昊翔电能运动科技（昆山）有限公司于 2020 年发布的行业级航拍无人机，可为搜救队、巡检人员、警察、消防员和勘测队提供高效立体态势感知，辅助科学决策。

基本参数	
长 × 宽 × 高 (毫米)	551×482×309
整机重量	1.86 千克
最大上升速度	7 米 / 秒
最大下降速度	6 米 / 秒
最大平飞速度	50 千米 / 时
最大飞行时间	28 分钟
最远遥控距离	1.6 千米
电池容量	6200 毫安时

昊翔 H520E 的六旋翼动力系统确保了充足的飞行动力，即使电机不幸受损，也能安全返航。该无人机使用 DataPilot 软件系统，无须借助昂贵的第三方软件，即可规划能重复执行的飞行航路，以便于持续高效地制作正射图、3D 扫描、农作物数据图像。此外，勘测飞行、建筑测量、建筑信息建模、事故现场重建、3D 扫描、正射影像和照片拼接也可使用 DataPilot 高效精准地完成。

昊翔 H520E 适配丰富的云台种类，并支持云台热插拔功能，更换相机仅需数秒，为用户节省不必要的作业时间，从而提高工作效率。基于安卓系统的 ST16E 遥控器配备了快速的英特尔四核处理器和 OFDM 模块，得益于 OFDM 模块，图传距离可达 6 千米。集成的 7 英寸触控显示屏可以精准直观地操控无人机，并且同时展示飞行信息和实时相机拍摄画面。实时图传画面还可通过 ST16E 遥控器的 HDMI 输出口传输到屏幕更大的监视器上。

低飞的昊翔 H520E 无人机

昊翔 H520E 无人机搭载的相机

昊翔 H850 无人机

昊翔 H850 是昊翔电能运动科技（昆山）有限公司于 2022 年发布的行业级航拍无人机。

昊翔 H850 配备了双 GPS 和 RTK 模块，可实现双天线 GPS 导航。双智能电池设计，支持热插拔功能，以减少停机时间和系统重启。60 分钟的飞行时间和 15 千米的传输范围使昊翔 H850 成为市场上功能最强大的行业级无人机之一。IPX4 防护等级确保其在任何环境中都能实现无缝操作。开源飞行控制和任务规划功能允许用户根据自己的特定需求进行改造。

基本参数	
长 × 宽 × 高（毫米）	440×365×470
整机重量	5.8 千克
最大上升速度	3 米 / 秒
最大下降速度	5 米 / 秒
最大平飞速度	72 千米 / 时
最大飞行时间	60 分钟
最远遥控距离	15 千米
电池容量	12800 毫安时 ×2

昊翔 H850 可兼容所有现有的昊翔 H520E 有效载荷。它配备了新的 T-one 智能遥控器，自带 7 英寸显示屏，采用安卓 10 系统，具有全高清分辨率和 1000 尼特的亮度。遥控器内置 10000 毫安时电池，可持续使用 7 小时。除了性能和有效载荷的灵活性外，昊翔 H850 在开发时还非常重视飞行和数据安全性，其飞行数据只属于用户，遥控器不会将数据发送到外部服务器。

昊翔 H850 无人机正前方视角

飞行中的昊翔 H850 无人机

华科尔 WK 1800 无人机

华科尔 WK 1800 是广州市华科尔科技股份有限公司于 2020 年发布的消防无人机，其是专为干粉喷洒、水带系留及垂直抛投干粉而设计的。

基本参数	
长 × 宽 × 高（毫米）	2070×1800×910
整机重量	65.6 千克
最大上升速度	5 米 / 秒
最大下降速度	3 米 / 秒
最大平飞速度	54 千米 / 时
最大飞行时间	57 分钟
最大起飞海拔高度	5 千米
电池容量	66000 毫安时

华科尔 WK 1800 载重量大、抗风能力强、抛洒精度高。其机臂采用六轴垂直型结构设计，结构紧凑牢固。折叠之后整机呈桶状，在保证结构强度需求的同时方便日常运输及装配，减少无人机的占用面积，为工作人员减少装箱的难度、节省组装的时间，对运输工具的要求也大大降低。

华科尔 WK 1800 支持挂载多种装配，包括 30 倍变焦相机、干粉灭火罐、抛投灭火弹、喷水灭火、探照灯、喊话器等。该无人机采用激光雷达技术，通过高精度传感器打造的智能避障系统，激光测距可达 180 米，能够识别前方向 2 ～ 20 米（可调）的障碍物并进行刹车减速，防止因误操作而带来的风险。其具备避障和测距双重保护功能，让飞行更加安全，从而增加救援成功的概率。华科尔 WK 1800 配备了超大容量电池，内置智能电源管理系统，可保证较长的续航时间。

华科尔 WK 1900 无人机

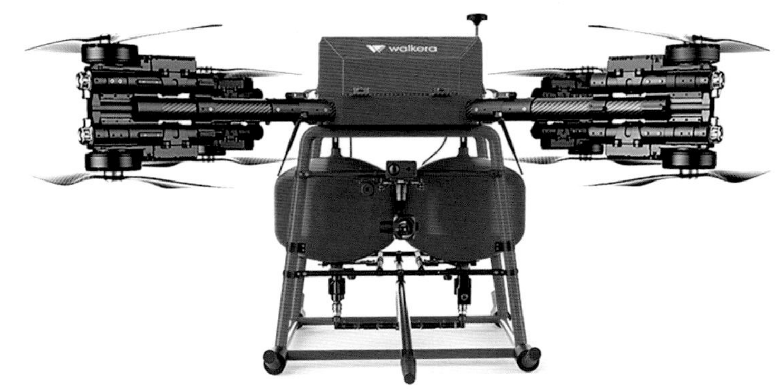

华科尔 WK 1900 是广州市华科尔科技股份有限公司于 2020 年发布的消防无人机，主要用于高层建筑灭火。

基本参数	
长 × 宽 × 高 (毫米)	2308×2237×850
整机重量	134.76 千克
最大上升速度	5 米 / 秒
最大下降速度	3 米 / 秒
最大平飞速度	54 千米 / 时
最大飞行时间	43 分钟
最远遥控距离	12 千米
电池容量	176000 毫安时

华科尔 WK 1900 载重量大、抗风能力强、抛洒精度高，可以近距离喷洒灭火干粉。其机臂采用四轴垂直折叠、模块化设计，利于快速作业，也方便日常运输及装配。该无人机拥有超强负载与抗震颤设计，配合高倍瞄准镜、带有夜视功能的高帧率相机，发射精度高，能够在复杂火场、气象环境下远程精准发射灭火弹。

华科尔 WK 1900 标配挂载 30 倍光学变焦相机，实现超远距离监控，可观察火灾现场的细节情况，从而帮助消防员制定救援方案。该无人机还可根据用户不同的需求，挂载不同的设备，例如红外热成像相机、微光夜视相机等。针对消防救援的需求，华科尔 WK 1900 的遥控器采用 5.5 英寸高亮显示屏，在强光直射下仍清晰可见，作业更加安全可靠。遥控器使用先进的 2.4G 远距离传输系统，抗干扰能力强，有效控制距离可达 12 千米，传输稳定可靠。

华科尔 QL1200 无人机

华科尔 QL1200 是广州市华科尔科技股份有限公司于 2018 年发布的行业级无人机。

基本参数	
长 × 宽 × 高（毫米）	1200×1360×690
整机重量	14.75 千克
最大上升速度	5 米 / 秒
最大下降速度	3 米 / 秒
最大平飞速度	54 千米 / 时
最大飞行时间	90 分钟
最远续航里程	43.2 千米
最大起飞海拔高度	5 千米

华科尔 QL1200 最大的亮点是采用了油电混合动力技术。续航一直是限制多旋翼无人机应用的一大难题，受到电池技术发展瓶颈以及多旋翼本身的动力原理限制，传统电动的多旋翼无人机续航时间最多不会超过 1 小时，大部分不超过 30 分钟。为了突破续航的限制，行业内有不少对油动多旋翼和油电混合多旋翼的尝试，但未曾有成熟的产品出现。华科尔 QL1200 采用的则是油机发电、电力驱动的方式，汽油发电机能够为无人机提供稳定的电力输出，而无人机的动力系统则完全使用电力驱动，这种方式能够最大化地结合燃油的高能量密度和电动多旋翼稳定、灵活操控的方式。

华科尔 QL1200 的整机尺寸较大，轴距达到了 1285 毫米，却有长达 90 分钟的续航时间，并能提供 3 千克的载重能力，大大提升了多旋翼无人机的作业范围，可以说是无人机行业的一大突破。该无人机可定制选用业内比较少有的 1.4GHz 图传方式，这种图传方式比常用的 2.4GHz 和 5.8GHz 频段更稳定、距离更远。

华科尔 QL1600 无人机

华科尔 QL1600 是广州市华科尔科技股份有限公司于 2020 年发布的行业级无人机。

基本参数	
长 × 宽 × 高(毫米)	1200×1200×638
整机重量	25 千克
最大上升速度	5 米 / 秒
最大下降速度	3 米 / 秒
最大平飞速度	54 千米 / 时
最大飞行时间	120 分钟
最远遥控距离	6 千米
最大起飞海拔高度	4 千米

华科尔 QL1600 的机身采用新型结构及材料，具有工业级防尘、防水、防腐蚀能力。为了将续航时间尽量延长，该无人机采用油电混合动力，直接将能量密度较大的内燃机搬到了无人机上，通过内燃机带动发电机发电，将汽油所蕴含的热能转换为电能带动电机旋转。华科尔 QL1600 配备了 10 升油箱，空载飞行时间最长可达 120 分钟。

华科尔 QL1600 配备了 30 倍光学变焦相机，可实时观察前方环境，为救援工作提供实景参考。其遥控器使用 2.4GHz、5.8GHz 双频远距离数字加密传输技术，配合完备的功能按键可在最远 6 千米通信距离内完成飞行器与相机的各种操作与设置，并可在遥控器屏幕上实时显示高清画面。用户可选配激光雷达，通过高精度传感器打造智能避障系统，从而减少因操作失误带来的风险，保障飞行安全。

华科尔 QL1800 无人机

华科尔 QL1800 是广州市华科尔科技股份有限公司于 2020 年发布的行业级无人机。

基本参数	
长 × 宽 × 高（毫米）	1800×2070×1050
整机重量	33 千克
最大上升速度	5 米 / 秒
最大下降速度	3 米 / 秒
最大平飞速度	54 千米 / 时
最大飞行时间	120 分钟
最远遥控距离	6 千米
最大起飞海拔高度	5 千米

华科尔 QL1800 的机臂采用六轴垂直折叠设计，结构紧凑牢固。机身采用封闭模块化设计，拥有 IP65 防护等级，在复杂环境中依然可以快速展开作业。无论在风雨、尘土高温、严寒中都能稳定工作，具备工业级防水、防尘、防腐蚀能力，能够适应严酷的救援作业环境。该无人机采用油电混合动力，空载满油最大飞行时间长达 120 分钟。其激光测距可达 180 米，能够识别前方向 3 ～ 15 米（可调）的障碍物并自动减速。

针对行业应用的特殊需求，华科尔 QL1800 开发了独有的应用程序，可大幅简化操作流程。其可监视化平台方便用户统计和监管，实时查看作业的进度、作业面积、规划作业航线等功能，避免用户重复作业。华科尔 QL1800 使用先进的 2.4GHz、5.8GHz 双频远距离传输系统，最远图传距离可达 6 千米，且抗干扰力强，传输稳定。

华科尔 R1000 RTK 无人机

华科尔 R1000 RTK 是广州市华科尔科技股份有限公司于 2021 年发布的行业级无人机，可挂载三光相机、夜间照明系统、喊话器等，配合 AI 和 5G 技术，在巡逻巡查、夜间搜救、应急救援等场景能够发挥重要作用。

华科尔 R1000 RTK 采用模块化快拆设计，机臂采用四轴垂直折叠结构。机身采用封闭式防水设计，防护等级为 IP54，具备工业级防水、防尘、防腐蚀能力。该无人机拥有双磁罗盘互为备份，采用动力信号冗余设计，能够保障飞行安全。GNSS、网络 RTK 双冗余系统带来厘米级定位精度的同时还支持全向避障，让作业安全更进一步。

基本参数	
长 × 宽 × 高（毫米）	1140×1140×531
整机重量	7.8 千克
最大上升速度	5 米 / 秒
最大下降速度	3 米 / 秒
最大平飞速度	90 千米 / 时
最大飞行时间	54 分钟
最远遥控距离	12 千米
电池容量	14000 毫安时

华科尔 R1000 RTK 配备的智能电池容量较大，能够进一步保障和提升飞行作业的流畅性，同时还支持低电压自动返航。华科尔 R1000 RTK 可感知前方 40 米处障碍物，日常作业时可有效降低常见障碍物带来的安全风险。该无人机主动感知避障功能可全天候工作。

华科尔 R500 RTK 无人机

华科尔 R500 RTK 是广州市华科尔科技股份有限公司于 2022 年发布的行业级无人机。

基本参数	
长 × 宽 × 高（毫米）	367×367×228
整机重量	1.38 千克
最大上升速度	8 米 / 秒
最大下降速度	8 米 / 秒
最大平飞速度	54 千米 / 时
最大飞行时间	60 分钟
最远遥控距离	12 千米
电池容量	7000 毫安时

华科尔 R500 RTK 采用轻量化碳纤维机身设计，搭配三轴增稳小云台，到手即飞，具有 7 级超强抗风等级。前视红外避障模块，下视红外定高系统，能让无人机定位更精确，感知周围飞行障碍物，减少因操作失误带来的意外。华科尔 R500 RTK 采用 2.4GHz 远距离传输系统，最远图传距离可达 12 千米，抗干扰能力强，传输稳定可靠。

华科尔 R500 RTK 标配 6K 高清航拍相机，采用 85 度低畸变率广角镜头，可以 25 倍无损数码变焦，支持拍摄 6K/25fps、4K/60fps 视频与 2100 万像素照片，支持 H.264、H.265 编码格式输出。该无人机支持系统远程控制，可实现目标侦察跟踪，配合小型化的无线充电机库，可灵活部署在郊区、野外，全自动执行空中巡查任务。单机可覆盖最大 12 千米半径的作业范围，多架联合部署，能够形成高密度立体化的全方位侦察作业矩阵。

华科尔 V1100 Pro 无人机

华科尔 V1100 Pro 是广州市华科尔科技股份有限公司于 2020 年发布的行业级无人机。

基本参数	
长 × 宽 × 高（毫米）	1291×1129×480
整机重量	10 千克
最大上升速度	5 米 / 秒
最大下降速度	2 米 / 秒
最大平飞速度	54 千米 / 时
最大飞行时间	63 分钟
最远遥控距离	10 千米
电池容量	25000 毫安时

华科尔 V1100 Pro 采用创新折叠设计，机臂、脚架均可折叠，便于携带。组装简单方便，利于快速启动作业。机身采用封闭式设计，拥用 IP43 等级防护，具备工业级防水、防尘、防腐蚀能力。飞行控制系统采用最新的控制导航算法，安全性和稳定性较高。“黑匣子”数据记录系统可为飞行性能分析提供精准数据支持，也可为行业应用探索者提供稳定可靠的飞行体验。

华科尔 V1100 Pro 可挂载 30 倍光学变焦相机，还能一机多用，同时还可以根据客户不同的需求，挂载红外热成像相机、微光夜视相机、多光谱相机等设备，从而应对不同的应用场景。该无人机采用先进的 2.4GHz 和 5.8GHz 双频远距离传输系统，最远图传距离可达 10 千米，抗干扰能力强，传输稳定可靠。

斯威普水手 4 防水无人机

斯威普水手 4（SplashDrone 4）是深圳斯威普科技有限公司于 2021 年 7 月发布的防水无人机。

基本参数	
长 × 宽 × 高 (毫米)	379.2×379.2×230
整机重量	2.18 千克
最大上升速度	4 米 / 秒
最大下降速度	4 米 / 秒
最大平飞速度	79.2 千米 / 时
最大飞行时间	30 分钟
最远续航里程	5 千米
电池容量	6600 毫安时

斯威普水手 4 的机身由工业级材料制成，外部防水电机具有特殊涂层。该无人机可在水面起飞、降落、漂浮、翻转等，并支持雨雪天气飞行。如果无人机被波浪打翻到水中，它会立即锁定螺旋桨以确保安全。当用户重新启动无人机时，它将自动执行一个纠正动作，随时准备起飞。斯威普水手 4 使用先进的 MultiSync 无线数字图传技术，使其能与各种设备实现终端互联互通，从而保障数据稳定传输。

斯威普水手 4 采用模块化多功能挂载系统和开放接口设计，能够快速适应不同场景的任务。该无人机可以搭载 GC3-S 三轴防水云台相机，进行航拍；搭载 GC2-S 两轴防水云台夜视相机，进行搜救、执法；搭载 GC1-S 单轴防水云台相机，进行航拍、钓鱼；搭载 FAC 定向第一人称视角相机，进行钓鱼；搭载 GC3-T 三轴云台热红外相机，进行救援、巡检。此外，还可搭载探鱼器、救生圈、延长杆、船模式套件等。

斯威普水手 4 防水无人机紧贴水面飞行

斯威普水手 4 防水无人机正前方视角

斯威普水手4行业版无人机

斯威普水手4行业版是深圳斯威普科技有限公司推出的行业级无人机。

斯威普水手4行业版采用全新的机身结构和动力系统设计，配备新型数字回流节能电调，以及碳纤维快拆桨叶，具有更强劲和更稳定的飞行表现。电机和内部电子元件都有特殊涂层，从而进一步提高防水、耐腐蚀能力。遥控器采用IP66等级防水和防尘设计，坚固耐用。该无人机配备工业级陀螺仪，无须进行水平及IMU校准，大大简化了校准工作，具有可靠性强、精度高等显著特点。

基本参数	
长×宽×高（毫米）	379.2×379.2×230
整机重量	2.18千克
最大上升速度	4米/秒
最大下降速度	4米/秒
最大平飞速度	79.2千米/时
最大飞行时间	30分钟
最远续航里程	5千米
电池容量	6600毫安时

斯威普水手4行业版采用先进的无线数字图传技术，具备强悍的穿透能力和抗干扰优势，即使在复杂的作业环境下，也能保证飞行过程中的信号稳定。该无人机搭载PL1-S投放装置，最大载重2千克，用于远程快速投递物品。斯威普水手4行业版最多可同时支持两个挂载，即投放装置和相机，用户可根据使用需求选择不同款式的相机。其配套的SDFIy应用程序，具有多种专业功能，且操作简单。

斯威普水手 4 水质检测无人机

斯威普水手 4 水质检测无人机是深圳斯威普科技有限公司联合国家地质实验测试中心共同开发的新一代水质检测无人机。

斯威普水手 4 水质检测无人机能全面、高效地解决水环境监测环节所遇到的问题，可快速到达人员难以靠近、有风险和辐射的区域，并对水体进行现场检测数据上传和取样。配合全新开发的云端系统，可快速完成对水体的初步检测。

基本参数	
长 × 宽 × 高 (毫米)	379.2×379.2×230
整机重量	2.18 千克
最大上升速度	4 米 / 秒
最大下降速度	4 米 / 秒
最大平飞速度	79.2 千米 / 时
最大飞行时间	30 分钟
最远续航里程	5 千米
电池容量	6600 毫安时

斯威普水手 4 水质检测无人机的机身和遥控器具备防水功能，可轻松应对各种恶劣气候环境（如雨雪天气等），在各种水域环境下进行取水任务，真正实现了全天候飞行作业。该无人机可搭载 pH 值、浊度、氨氮、溶解氧、电导率等传感器，用户可根据不同的水体环境和测试需要挂载对应的传感器。该无人机每次可挂载一种传感器，并可同时搭载取水器，单次可取回 350 ～ 500 毫升的水样，用于后期在实验室详细检测分析。该无人机还配备了 GC1-S 单轴防水云台 4K 相机，可清晰记录水样检测及采集的过程，还能拍摄周边环境，为现场快速部署任务提供有效的影像支持。

Skydio X2 无人机

Skydio X2 是美国 Skydio 公司于 2020 年发布的行业级航拍无人机，主要面向军方和企业应用。

基本参数 (Skydio X2E)	
长 × 宽 × 高 (毫米)	660×560×200
整机重量	1.325 千克
最大平飞速度	40 千米 / 时
最大飞行时间	35 分钟
最远遥控距离	6.2 千米
实用升限	3.6 千米
最大起飞海拔高度	6 千米
电池容量	2500 毫安时

Skydio X2 拥有坚固的外壳和可折叠的设计，可以轻松收纳和携带。该无人机配备了 7 个机载摄像头（其中 6 个用于导航），可以实现 360 度全向避障。同时，还配备了一个 1200 万像素的彩色摄像头（支持最高 16 倍变焦）和一个 320×256 分辨率的 FLIR Boson 热成像仪（支持最高 8 倍变焦）。彩色摄像头提供了 Skydio 公司称之为 360 超级变焦的功能，它将 7 个机载摄像头与主摄像头结合起来，实现 360 度实景拍摄，支持 100 倍数码混合变焦和电子防抖。

Skydio X2 分为军用版（Skydio X2D）和民用版（Skydio X2E）两个型号，军用版相较于民用版，增加了对 1.8GHz 通信频段的支持，最远通信距离从 6.2 千米提高到 10 千米，军用版在通信数据安全方面也有所加强。

Skydio X2 无人机及其机巢

飞行中的 Skydio X2 无人机

易瓦特 Espect V1 无人机

易瓦特 Espect V1 是易瓦特科技股份公司于 2018 年发布的行业级无人机，适用于电力巡检、通信基站巡检、警用侦查执法、消防勘察搜救等领域。

易瓦特 Espect V1 系统集成度高、体积小巧、展开方便、操控简单，具备一键起飞、自主航线返航、手指滑动规划航线、智能避障和地形跟随等功能。该无人机采用全复合材料结构，整机设计达到 IP43 防护等级，作业环境温度为 -20℃～65℃，基本满足了各种复杂的作业环境要求。易瓦特 Espect V1 配备的避障传感器使其能侦察到前方 10 米范围内的障碍物并自主避障，提高了飞行的安全性。

基本参数	
长 × 宽 × 高（毫米）	540×540×270
整机重量	3.2 千克
最大上升速度	10 米 / 秒
最大下降速度	10 米 / 秒
最大平飞速度	54 千米 / 时
最大飞行时间	32 分钟
最远遥控距离	2 千米
电池容量	9500 毫安时

易瓦特 Espect V1 任务载荷设备丰富，可满足不同专业领域的需求。挂载采用金手指快速接口设计，可搭载并灵活更换 4K 可见光、10 倍变焦相机和红外热成像相机等不同载荷，执行不同的任务。模块化的设计有效提升了系统的易用性、便捷性、维护性，使工作效率得到大幅提升。

易瓦特 EWZ-S8 V2 无人机

易瓦特 EWZ-S8 V2 是易瓦特科技股份公司于 2016 年发布的行业级无人机。

基本参数	
长 × 宽 × 高（毫米）	783×786×500
整机重量	9.8 千克
最大上升速度	15 米 / 秒
最大下降速度	15 米 / 秒
最大平飞速度	75.6 千米 / 时
最大飞行时间	37 分钟
最远遥控距离	4 千米
抗风等级	6 级

易瓦特 EWZ-S8 V2 在延续八旋翼家族设计语言的同时，还配置了多种动力臂组合，形成多种动力结构的飞行平台。该无人机拥有超长续航和大载重飞行两种功能特点，并且两种功能特点可以随意切换。易瓦特 EWZ-S8 V2 的机身大量采用碳纤维板和复合材料，同时采用全包围型防水外壳，这对减轻无人机重量、增加有效载荷、提高安全性和隐身性具有重要的作用。其采用了可拆式机臂及起落架，组装拆卸方便，利于无人机的存储、运输和作业。

易瓦特 EWZ-S8 V2 具有可靠性高、载重量大的特点，可适配多种类型的挂载设备。机身可搭载红外、双目视觉、超声波综合智能避障系统，实现更为可靠有效的避障功能。该无人机支持 RTK 实时差分定位系统，为用户提供更为精准的定位功能。

易瓦特 EWZ-D6 无人机

易瓦特 EWZ-D6 是易瓦特科技股份公司于 2017 年发布的行业级无人机，适用于地理测绘、生态环境状况调查、保护地内人类活动调查、环境质量现状监测取样等。

基本参数	
长 × 宽 × 高（毫米）	1700×1700×550
整机重量	14.3 千克
最大上升速度	10 米 / 秒
最大下降速度	10 米 / 秒
最大平飞速度	43.2 千米 / 时
最大飞行时间	65 分钟
最远遥控距离	4 千米
抗风等级	5 级

易瓦特 EWZ-D6 整机采用一体成型的碳纤维材质，刚性强度高，自重轻。整机设计达到 IP43 防护等级，作业环境温度为 –20℃～ 65℃，抗风能力为 5 级，基本可以满足各种复杂的作业环境要求。

易瓦特 EWZ-D6 采用模块化设计，机臂使用插拔式快插件，收纳方便。连接体均采用进口新料加纤结合现代高科技成型工艺制作完成。机体采用全封闭及防水槽设计，真正达到工业三防标准。简化的机体结构，关键结构件进行材料定制，使整体更轻便灵活，续航时间更长，为搭载特殊设备进行定点作业任务提供优秀的作业平台。全系统外场展开时间短，具备应急抢修机动和携行能力。地面保障设备具有简易检测、方便维修与训练的特点，且能具有快速更换易损件、备用动力电池组和双模态充电的功能。

飞行中的易瓦特 EWZ-D6 无人机

易瓦特 EWG-E2V 无人机

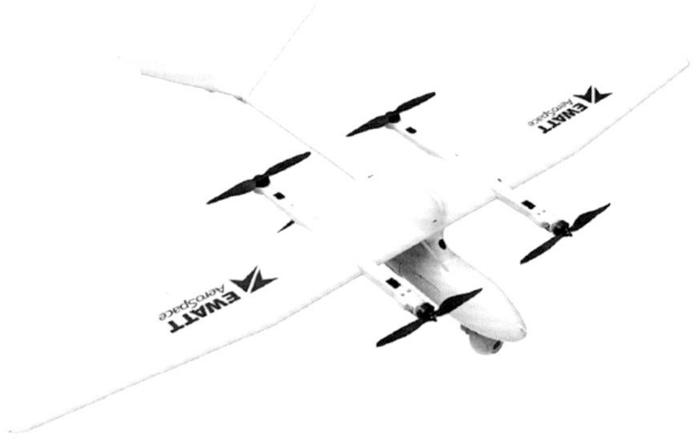

易瓦特 EWG-E2V 是易瓦特科技股份公司于 2018 年发布的行业级无人机。

基本参数	
长 × 宽 × 高 (毫米)	1800×3000×350
整机重量	7.5 千克
最大上升速度	6.5 米 / 秒
最大下降速度	6.5 米 / 秒
最大平飞速度	90 千米 / 时
最大飞行时间	90 分钟
最远遥控距离	4 千米
电池容量	3200 毫安时

易瓦特 EWG-E2V 采用模块化设计，机翼和机臂均可快拆，运输方便。复合材料烤漆外壳，大幅提高了机体强度与韧性。流线型机身减小了飞行时的空气阻力，具有优良的气动稳定性。前置倾转旋翼结构，既可实现垂直起降，也能实现前拉功能，避免单独设置前拉或后推电机，结构更加紧凑。自主变换旋翼与固定翼模式，从根本上解决了固定翼无人机起飞场地需求的难题，提高了无人机在地质灾害或自然灾害下的应急能力。

易瓦特 EWG-E2V 可加装高性能光电平台、高光谱成像仪和全画幅高清数码相机等专业任务设备，并能够轻松胜任航空测绘、电力巡线、城市规划、石油管线巡查等作业。其自动驾驶系统采用非线性高精度 GPS/SINS/AHRS 算法，具有 200Hz 更新频率，无 GPS 信号时可自动平滑切换为 AHRS 模式，从而确保飞行安全。易瓦特 EWG-E2V 可按设定飞行航线自主飞行，在飞行过程中可拍照录像。其翼载荷小，巡航时定高准确，航线控制精度高，飞行姿态平稳。

易瓦特 EWG-E3V 无人机

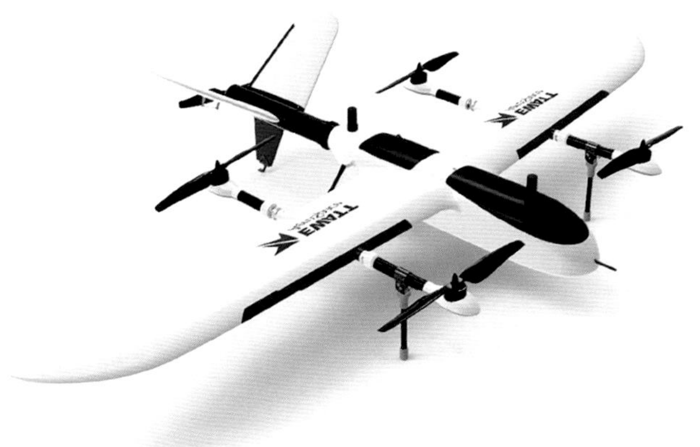

易瓦特 EWG-E3V 是易瓦特科技股份公司于 2020 年发布的行业级无人机。

基本参数	
长 × 宽 × 高（毫米）	1300×2200×420
整机重量	7000 克
最大上升速度	4 米 / 秒
最大下降速度	4 米 / 秒
最大平飞速度	64.8 千米 / 时
最大飞行时间	100 分钟
最远遥控距离	4 千米
抗风等级	6 级

易瓦特 EWG-E3V 采用复合材料设计，局部采用航空铝材，有效增强结构件的强度，同时减轻结构件的重量。该无人机可耐受 55℃高温，也可抵抗 -20℃低温，从极寒到极热，均可稳定作业。易瓦特 EWG-E3V 采用封闭独立电子设备仓设计，有效提高防水、防尘性能。易瓦特 EWG-E3V 通过优化机翼平面形状及翼型分布、降低机身浸湿面积及气动布局设计等措施，平衡了易瓦特 EWG-E3V 的稳定性和气动性能，使气动效率和抗风性提高的同时，又不会降低无人机的稳定性。

易瓦特 EWG-E3V 采用新一代增强版航电系统，可稳定获得高精度 POS 数据。飞行控制系统采用多余度冗余设计，充分优化了多种安全失控保护，使飞行更安全。其算法采用先进的 EKF 和能量方法，优化了模式转换、盘旋及作业航线等，使飞行更流畅。

易瓦特 EWG-G3V 无人机

易瓦特 EWG-G3V 是易瓦特科技股份公司于 2019 年发布的垂直起降固定翼行业级无人机。

易瓦特 EWG-G3V 专为行业定制开发，其秉承工业化设计理念，具有高可靠性、高智能化、高精准度的特点。机身采用进口复合材料，强度高、刚性强、重量轻。该无人机采用流线外形设计，阻力系数低，整机风阻系数为 0.025。双垂尾联动设计，舵效更大，安全系数更高。

基本参数	
长 × 宽 × 高 (毫米)	2300×3285×713
整机重量	22 千克
最大上升速度	8 米 / 秒
最大下降速度	8 米 / 秒
最大平飞速度	130 千米 / 时
最大飞行时间	300 分钟
实用升限	4 千米
电池容量	16000 毫安时

易瓦特 EWG-G3V 全机多部件采用模块化设计，可实现快速拆装，包装尺寸较小。机身各电源插头采用标准航空插头，具有易拆装、可靠性高的特点。其多功能载荷舱能够适配各种不同载荷，并可实现快速更换。该无人机的最大任务载重为 5 千克，最大起飞重量为 27 千克。油箱容量可根据用户需求定制，容量范围为 3 ～ 7.5 升。

易瓦特 EWZ-1B 无人机

易瓦特 EWZ-1B 是易瓦特科技股份公司于 2015 年发布的行业级无人机。

易瓦特 EWZ-1B 采用贝尔希拉小翼和欧洲进口的高性能四冲程单转子水冷发动机（最大功率为 26 千瓦，峰值扭矩为 35 牛·米），具有较高的稳定性和可靠性，可在低至 -35℃和高至 55℃的环境温度中工作。该无人机可以挂载 30 千克载荷，挂载能力非常强大，能够满足电力巡线、航空测绘、森林防火、国土水利等多个行业的应用需求。

基本参数	
长 × 宽 × 高 (毫米)	3816×720×1025
整机重量	68 千克
最大起飞重量	110 千克
最大平飞速度	64.8 千米 / 时
最大飞行时间	150 分钟
悬停升限	4 千米
抗风等级	6 级
油箱容量	20 升

易瓦特 EWZ-1B 具备垂直起降功能，能满足绝大多数起降场地限制。20 升的油箱容量为无人机带来 150 分钟续航时长，可以满足大多数巡查类任务需求。该无人机可按设定好的航线自主飞行，在飞行过程中可拍摄照片、录制视频。其航线控制精度高，飞行姿态平稳。

亿航 216L 无人机

亿航 216L 是广州亿航智能技术有限公司于 2020 年 9 月发布的物流无人机。

基本参数	
长 × 宽 × 高（毫米）	5610×5610×1850
最大有效载荷	250 千克
货舱容积	1.3 立方米
最大上升速度	5 米 / 秒
最大巡航速度	130 千米 / 时
最大飞行时间	21 分钟
充电时长	120 分钟
最远续航里程	35 千米

亿航 216L 与亿航智能“安全、自动驾驶、集群管理、联网化、绿色环保”的核心理念一脉相承，采用全备份动力冗余安全性设计，以及八轴十六桨的分布式电力推进系统。基于亿航智能载人级自动驾驶飞行器的先进科技，亿航 216L 实现了垂直起降、精准定位、自主航线规划、全程自动飞行、实时联网调度等智能化功能。

凭借大载重的优势，亿航 216L 可在城市和偏远地区的中短途空中物流应用场景下执行高频的点到点飞行任务，拥有广阔的市场前景。例如，在道路交通不便的山区，它能够更快速高效地运送茶叶、水果等农副产品，促进当地经济发展。此外，在海上钻井平台间的石油样本与物资运输、大型国际港口物资补给、紧急医疗物资运输和应急救灾等应用场景当中，亿航 216L 均可以发挥自动化、大规模集群调度的优势，缩短运输时间，提高工作效率。

亿航 GD2.0X 无人机

亿航 GD2.0X 是广州亿航智能技术有限公司研制的物流无人机。

基本参数	
轴距	350 毫米
整机重量	1.15 千克
最大有效载荷	0.45 千克
最大平飞速度	40 千米 / 时
最大飞行时间	19 分钟
充电时长	90 分钟
最远续航里程	10 千米
电池容量	4500 毫安时

亿航 GD2.0X 采用流线舱体设计，能够有效降低风阻，适应城市快送和物流末端配送等多种物流应用场景。该无人机可与亿航 216L 大型物流无人机、亿航天鹰 B 中型物流无人机协同使用，充分满足用户在不同空中物流场景下的应用需求。

亿航 GD2.0X 采用较为独特的下置桨设计，电池采用抽拉方式。作为小型物流无人机，亿航 GD2.0X 的机身大量采用塑料材质，有效减轻了自重。该无人机内置 4G 模块，支持超远距离控制。用户一键即可启动无人机，起飞、巡航、降落均可自动完成，从而实现航空配送自动化。同时采用视觉识别辅助定位，让起降达到高精准级别。

亿航天鹰 B 无人机

亿航天鹰 B（Falcon B）是广州亿航智能技术有限公司研制的行业级无人机，其自动化程度高、载荷大，适用于 3D 建模、测绘、巡检、消防、交通保障、环境保护、公共管理、新闻报道、应急救援、物流运输等领域。

亿航天鹰 B 的飞控系统使用双传感器、双 GPS 定位系统、共轴双桨的冗余设计，提升了安全性。软件上提供了失联自动返航、低电量自动返航或降落的智能程序，并有一键返航、紧急悬停、起飞降落等智能化功能，最大限度保护操作人员的安全，确保飞机与任务模块不受损失。

基本参数	
轴距	920 毫米
最大有效载荷	5 千克
最大起飞重量	9 千克
最大上升速度	5 米 / 秒
最大巡航速度	80 千米 / 时
最大飞行时间	30 分钟
充电时长	90 分钟
最远续航里程	30 千米

亿航天鹰B具有高适应性和扩展性，能够提供多种电压和控制信号，方便扩展任务负载。飞行平台能够提供多种通信接口，并预留了专用挂载结构接口，可根据不同任务模块提供定制任务挂载，满足各种专业的需求。亿航天鹰 B 通过高速的通信网络与后台的指挥调度系统实时进行连接，实现多种模式和功能的智能化管理，解决了传统飞行平台对专业飞手的依赖，从而让更多一线业务人员亲自操控飞行平台。

亿航天鹰 B 无人机准备从公路上起飞

草地上的亿航天鹰 B 无人机

纵横大鹏 CW-007 无人机

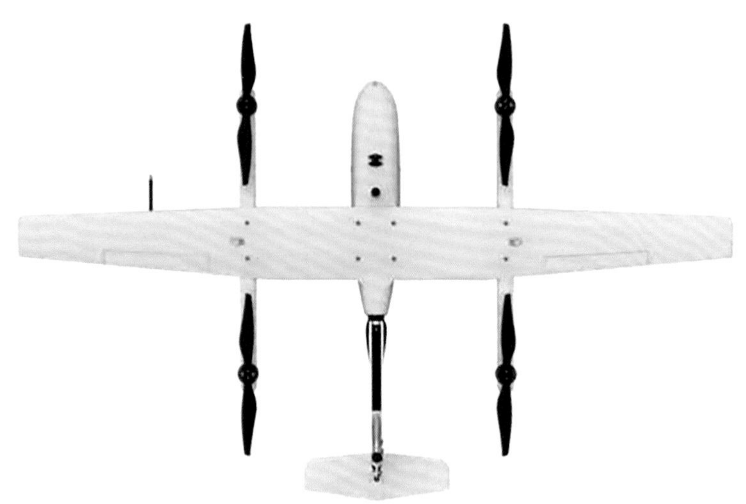

纵横大鹏 CW-007 是成都纵横自动化技术股份有限公司于 2018 年 3 月发布的行业级无人机，适用于地质测绘、农业遥感、安全监控、电力和石油管线巡逻等领域。

纵横大鹏 CW-007 采用模块化设计，整机可拆解为 7 个部分，用户可以在 2 分钟内完成安装或拆卸，无须任何工具即可迅速开始作业。多旋翼与固定翼的复合翼布局形式，让纵横大鹏 CW-007 兼具固定翼无人机航时长、速度快、距离远的特点和旋翼无人机垂直起降的功能。

基本参数	
长 × 宽 × 高（毫米）	1300×2200×400
最大起飞重量	6.8 千克
最大有效载荷	1 千克
最大平飞速度	61.2 千米 / 时
最大飞行时间	55 分钟
实用升限	6 千米
最大起飞海拔高度	4.5 千米
抗风能力	6 级

纵横大鹏 CW-007 采用双 GPS 和双罗盘配置，如果出现异常，系统会平滑切换到备份 GPS 和罗盘上。该无人机可以一键起降，操作安全简单，落地精度在 10 厘米以内。纵横大鹏 CW-007 单次飞行可完成 1 ∶ 500 比例尺的 4 平方千米作业，1 ∶ 1000 比例尺的 6 平方千米作业，1 ∶ 2000 比例尺的 12 平方千米作业。

纵横大鹏 CW-007 无人机及其携行箱

飞行中的纵横大鹏 CW-007 无人机

纵横大鹏 CW-15 无人机

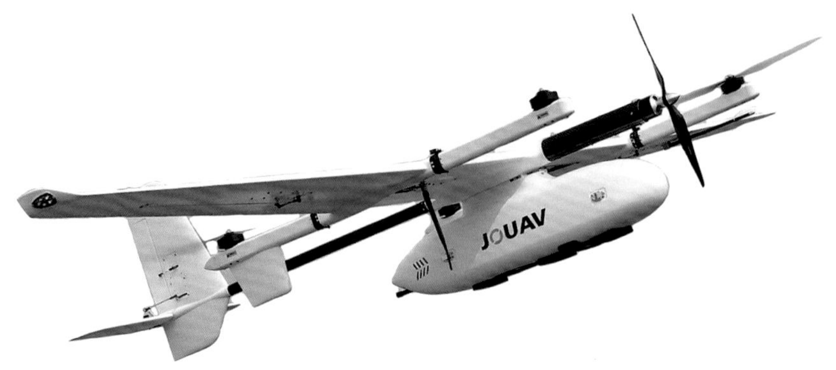

纵横大鹏 CW-15 是成都纵横自动化技术股份有限公司于 2021 年 4 月发布的行业级无人机。

基本参数	
长 × 宽 × 高（毫米）	2060×3540×600
最大起飞重量	17 千克
最大有效载荷	3 千克
最大平飞速度	61 千米 / 时
最大飞行时间	180 分钟
实用升限	6.5 千米
最大起飞海拔高度	4.5 千米
抗风能力	6 级

纵横大鹏 CW-15 是较早采用飞行全程主动安全技术的行业无人机，搭载了前视、下视毫米波雷达，在起飞、巡航、降落各阶段实时感知障碍物，通过智能避障算法，实现飞行路径动态规划。用户通过已有的地形数据，在航线规划时充分考虑了地形，但是难免存在某个区域有很多电线或杆塔，或者刚好新建了一个很高的建筑物，纵横大鹏 CW-15 在飞行过程中一旦检测到障碍物，便可立即改变飞行状态，重新规划飞行路径，从而保障飞行安全。配备有 ADS-B 的纵横大鹏 CW-15 在飞行过程中，可实时感知 160 千米范围内的飞行器，实现威胁预警，同时通过调整高度或者飞行方向的方式，实现自动规避，确保飞行安全。

纵横大鹏 CW-15 的下视双目智能避障系统，离地 50 米即开始自动进行地形智能感知、降落点智能筛选，同时运行 GPU 加速计算机视觉算法，实时规避障碍物，确保飞机安全降落。

低飞的纵横大鹏 CW-15 无人机

纵横大鹏 CW-15 无人机侧前方视角

纵横大鹏 CW-25 无人机

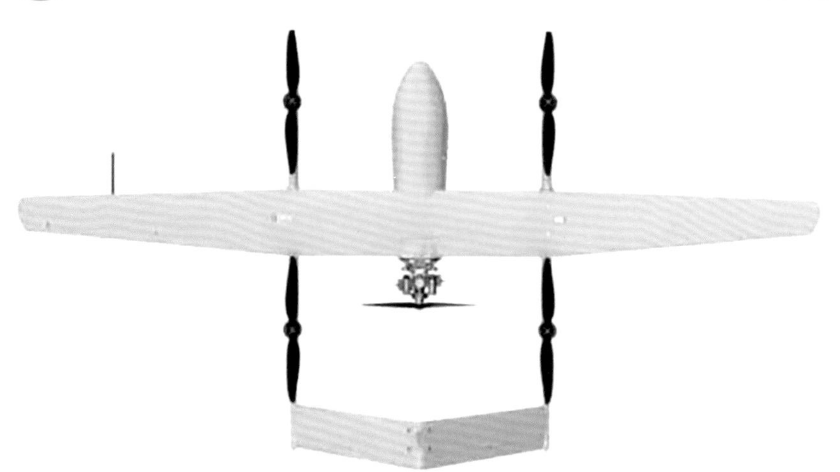

纵横大鹏 CW-25 是成都纵横自动化技术股份有限公司于 2018 年 11 月发布的行业级无人机。

纵横大鹏 CW-25 是专为大面积任务范围设计的油电混合动力垂直起降固定翼无人机，可配备电喷系统，具有航时长、速度快、载荷大、结构稳定、可靠性高等特点。该无人机采用模块化设计，使用快速连接结构，可拆卸为 11 个部件，以便在家用车辆中运输。该无人机具有 6 千克的有效载荷能力，有多种任务设备可选择，如航空相机、激光雷达、孔径雷达、光电吊舱、航磁传感器等。

基本参数	
长 × 宽 × 高（毫米）	2100×4000×850
最大起飞重量	29.5 千克
最大有效载荷	6 千克
最大平飞速度	100 千米 / 时
最大飞行时间	360 分钟
实用升限	7 千米
最大起飞海拔高度	3.8 千米
抗风能力	7 级

纵横大鹏 CW-25 集成了高精度 MEMS 惯性传感器、高性能 CPU、双 GPS 定位系统、强大的 EFI 引擎，适用于大面积任务。该无人机具备全自动能力，不需要无线电控制，一键即可完成起飞和降落，安全又方便，且降落精度小于 15 厘米。纵横大鹏 CW-25 配备了自加热型空速管，可以在高海拔、高湿度、低温、小雨的条件下飞行。

纵横大鹏 CW-25E 无人机

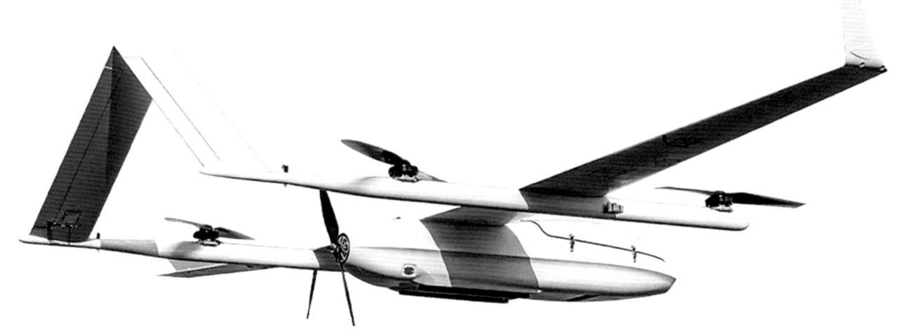

纵横大鹏 CW-25E 是成都纵横自动化技术股份有限公司研制的行业级无人机。

基本参数	
长 × 宽 × 高 (毫米)	2080×4350×850
最大起飞重量	31.58 千克
最大有效载荷	6.6 千克
最大平飞速度	72 千米 / 时
最大飞行时间	240 分钟
实用升限	6 千米
最大起飞海拔高度	4 千米
抗风能力	7 级

纵横大鹏 CW-25E 是专为大面积任务范围设计的纯电动垂直起降固定翼无人机，具有航时长、速度快、载荷大、结构稳定、可靠性高等特点。该无人机采用双尾撑融合倒 V 尾设计，在兼具平尾和垂尾的功能的同时减小浸湿面积，降低了干扰阻力。

纵横大鹏 CW-25E 采用快速连接结构，可以拆卸为 10 个部件，以便在家用类型的车辆中运输。该无人机具备了 6.6 千克的有效载荷能力，有多种任务设备可选择，如航空相机、雷达、光电吊舱、航磁传感器、光谱传感器等。用户可以使用纵横鹰图、纵横飞图等软件来规划飞行路径、控制和管理无人机、跟踪和识别目标，并实时查看无人机的视频和地理数据信息。

纵横大鹏 CW-25H 无人机

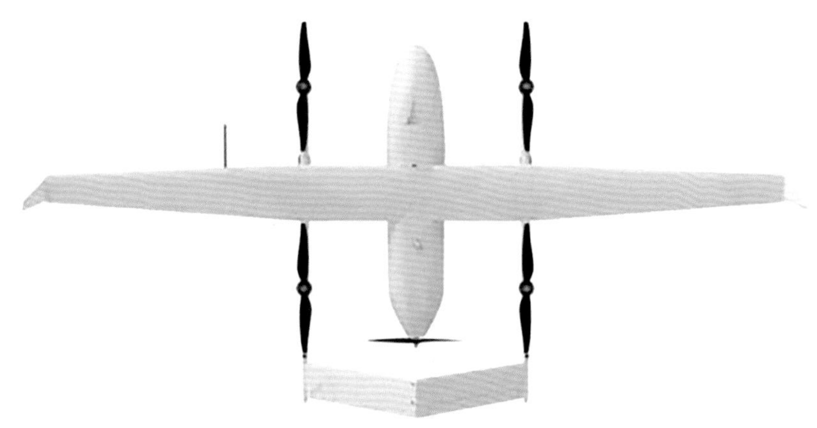

纵横大鹏 CW-25H 是成都纵横自动化技术股份有限公司于 2021 年发布的行业级无人机。

基本参数	
长 × 宽 × 高（毫米）	2100×4400×850
最大起飞重量	31 千克
最大有效载荷	4 千克
最大平飞速度	80 千米 / 时
最大飞行时间	330 分钟
实用升限	6 千米
最大起飞海拔高度	4 千米
抗风能力	7 级

纵横大鹏 CW-25H 是实用型的氢动力垂直起降固定翼无人机系统，有效负载下最大飞行时间长达 330 分钟。通过飞行平台与燃料电池系统的深度融合，系统具备零排放、无噪声、低振动、低维护成本等优点。同时，其续航能力和飞行性能也得到大幅提升，从而进一步推动了行业无人机在各领域的应用效率。纵横大鹏 CW-25H 通过了各种严格的测试，包括 150 米跌落测试、射击测试、火灾测试和极压测试。

纵横大鹏 CW-25H 无人机配置的新一代轻量化空冷型 DM15 燃料电池系统，实现了电堆发电模块、高压储氢模块和电源管理模块的一体化设计，通过高品质的硬件以及系统化的软件控制，使该系统的稳定性及效率性在业内处于领先地位。燃料电池在使用过程中无须定期维护和更换部件，这样便节省了更多时间和成本。该无人机支持多种智能载荷、软件和遥控器，可以轻松地实现任务的自动执行。

飞行中的纵横大鹏 CW-25H 无人机

纵横大鹏 CW-25H 无人机及其携行箱

纵横大鹏 CW-40 无人机

纵横大鹏 CW-40 是成都纵横自动化技术股份有限公司于 2021 年 9 月发布的行业级无人机。

基本参数	
长 × 宽 × 高（毫米）	2300×4600×850
最大起飞重量	45 千克
最大有效载荷	10 千克
最大平飞速度	90 千米 / 时
最大飞行时间	600 分钟
实用升限	6.5 千米
最大起飞海拔高度	4 千米
抗风能力	7 级

纵横大鹏 CW-40 采用国产四冲程活塞电喷发动机、北斗差分 GPS 导航系统、自主知识产权多余度航电系统，适用于大面积、长距离视频监控场景。整个无人机系统可实现 15 分钟内快速拆装，可以在车辆舰船上起降。最大 200 千米的控制链路大大增加了纵横大鹏 CW-40 的飞行距离，这使它在远程监视等任务中具有巨大优势。

纵横大鹏 CW-40 可根据空地、空海等不同应用场景，配置为单站单机、单站多机、单机多站等不同运行模式。该无人机具有垂直起降、自动飞行前检查、自动执行任务、紧急自动返航等功能，使用方便。同时，该无人机具有超强的环境适应性，在高海拔、高湿度、低温和小雨条件下可使用自热式空速管和智能电池飞行。它可以自动从故障中恢复并平衡异常驱动单元，紧急情况下还能自动返航降落。

飞行中的纵横大鹏 CW-40 无人机

纵横大鹏 CW-40 无人机尾部视角

纵横大鹏 CW-100 无人机

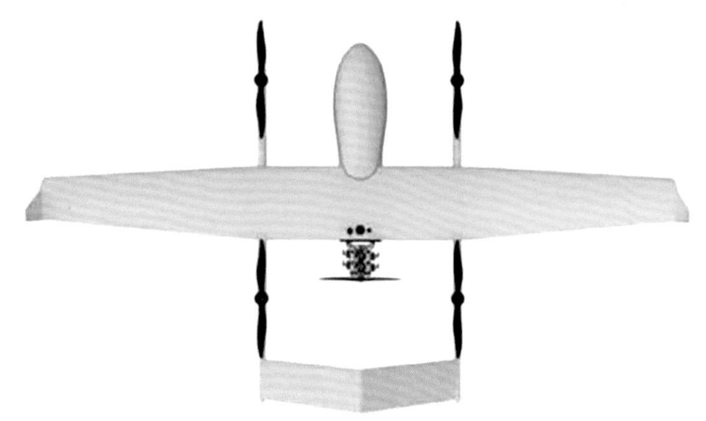

纵横大鹏 CW-100 是成都纵横自动化技术股份有限公司研制的行业级无人机。

纵横大鹏 CW-100 拥有高通量相控阵天线卫通系统、国产自研四冲程汽油 / 重油航空发动机、抗干扰导航模块、数据链硬件加密、国产自主可控航电系统，续航长达 10 小时，有效载荷达到 25 千克，广泛应用于各类侦察、应急场景，能够满足特殊行业用户任务需求。

基本参数	
长 × 宽 × 高（毫米）	3030×5150×1100
最大起飞重量	110 千克
最大有效载荷	25 千克
最大平飞速度	105 千米 / 时
最大飞行时间	600 分钟
实用升限	5.5 千米
最大起飞海拔高度	3 千米
抗风能力	7 级

纵横大鹏 CW-100 具有先进的融合通信能力，可搭载高通量相控阵卫星通信终端系统、Mesh 无线自组网通信系统、LTE 通信基站系统、北斗短报文通信系统、5G 网联通信系统、100 ～ 200 千米微波通信系统等多种通信数据链。其强大的融合通信能力，能在复杂环境下为用户提供多种通信方式，高效、精准地完成预定任务。在实际应用场景中，纵横大鹏 CW-100 可集成高性能三光光电吊舱和一体化测控链路，实现对地面、水面、空中目标的搜索、锁定、跟踪和定位解算等，可满足大范围、长距离的应急侦察要求，对森林草原火灾预警、救援等领域具有重要的作用。

飞行中的纵横大鹏 CW-100 无人机

纵横大鹏 CW-100 无人机在高海拔地区飞行

纵横大鹏 PH-25 无人机

纵横大鹏 PH-25 是成都纵横自动化技术股份有限公司于 2022 年 8 月发布的行业级无人机。

基本参数	
轴距	1600 毫米
最大起飞重量	29 千克
最大有效载荷	10 千克
最大平飞速度	54 千米 / 时
最大飞行时间	60 分钟
实用升限	5 千米
最大起飞海拔高度	4 千米
抗风能力	6 级

纵横大鹏 PH-25 采用六旋翼设计，拥有大载重、长航时、系统集成度高等特点。优秀的外形设计可有效地提高飞行作业航时，经济巡航速度作业航时在静止悬停航时的基础上增加 6% 以上。机臂采用伞折方式，大大提高机构可靠性。旋翼机臂内倾角设计，抗风性更强。全机采用高性能铝合金、复合材料制成，质量轻、刚性强、强度高，能够保证飞行的安全可靠。

纵横大鹏 PH-25 采用多传感器冗余技术、控制分配重构技术、全数字总线航电技术、全闭环健康监控与管理技术，智能化程度较高。最大有效载荷高达 10 千克，主流载荷皆可安装。挂载 1 千克载荷时最大飞行时间为 60 分钟，挂载 6 千克载荷时最大飞行时间为 45 分钟。

纵横大鹏 PH-25 无人机及其携行箱

飞行中的纵横大鹏 PH-25 无人机

臻迪黄金眼无人机

臻迪黄金眼（PowerEye）是臻迪科技股份有限公司于 2016 年 9 月发布的行业级航拍无人机。

臻迪黄金眼的全黑机身力量感十足，它延续了臻迪 PowerEgg 便携易用的产品基因和设计理念，整机重量不到 4 千克，虽然不是蛋形设计，但臻迪黄金眼可完全折叠的一体化设计使其同样便于运输携带。该无人机配备了障碍物监测功能，一旦在 10 米范围内出现障碍物，传感器就会自动触发警报。

基本参数	
长 × 宽 × 高 (毫米)	513×513×310
整机重量	3.95 千克
最大上升速度	5 米 / 秒
最大下降速度	2 米 / 秒
最大平飞速度	64.8 千米 / 时
最大飞行时间	29.5 分钟
最远图传距离	5 千米
电池容量	9000 毫安时

臻迪黄金眼的最大特色是采用了双摄像头设计，其中一个摄像头位于机身前方，可进行第一人称视角拍摄。另一个摄像头位于下方的云台上，可进行 360 度全景航拍。臻迪黄金眼采用独特的可更换镜头设计，兼容多种 Micro 4/3 标准镜头，用户可根据不同的拍摄场景来选择不同镜头，让航拍呈现专业级画质。在更换镜头时，云台还支持自配平。臻迪还提供了通用挂载模块，使臻迪黄金眼可以挂载红外 / 可见光一体相机、3 倍变焦镜头、通用挂载等一系列任务模块。此外，臻迪开放了 SDK 平台，支持用户自主扩展多种挂载，既能满足用户更多样的场景需求，又能获得更高的性价比。

臻迪黄金眼无人机侧前方视角

飞行中的臻迪黄金眼无人机

臻迪小巨蛋 X 8K 无人机

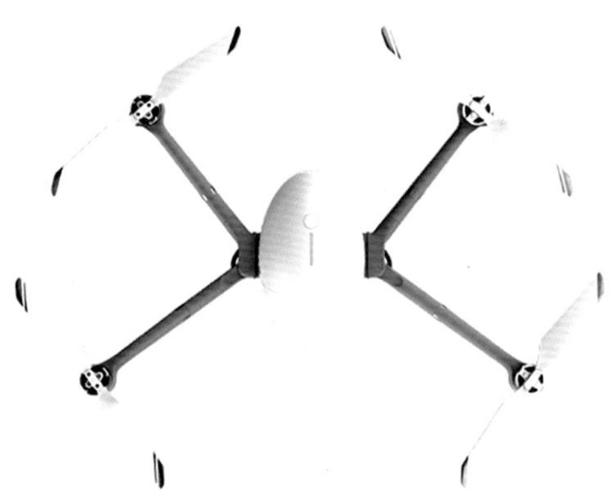

臻迪小巨蛋 X 8K（PowerEgg X 8K）是臻迪科技股份有限公司研制的行业级无人机。

基本参数	
轴距	427.5 毫米
整机重量	0.862 千克
最大平飞速度	64.8 千米 / 时
最大飞行时间	34 分钟
最远续航里程	12 千米
最大起飞海拔高度	4 千米
抗风能力	7 级
电池容量	3800 毫安时

臻迪小巨蛋 X 8K 从桨叶、电调到整机系统，全面优化动力效率，续航时间提升至 34 分钟。得益于充足的动力系统设计余量，该无人机动力充沛，可以从容应对 7 级大风，在恶劣条件下依然可以保障正常飞行作业。基于强大的前视双目和下视双目视觉传感器，该无人机具备了飞行线路的环境感知、定位和避障能力，大幅提升了飞行的安全性和稳定性。配合航线航点的智能管理，每次飞行都省心、放心。全新设计的下视照明系统，可以智能感知环境光照情况，在低照度环境下起降可自动开启补光，协助视觉定位，保障暗光环境安全精准降落，顺利返航。

臻迪小巨蛋 X 8K 全新升级的影像单元采用了 1/2 英寸 CMOS 影像传感器，支持最高 4 倍无损变焦，可拍摄 4800 万像素照片、8K 超高清视频。该无人机采用了全新的数字图传技术，支持 5.8GHz 双频通信，具备噪声检测和自动跳频机制，抗干扰能力强，支持 FHD 全高清实时图像传输，最远通信距离可达 12 千米。

第 4 章　农业无人机

农业无人机是现代农业机器，其具有地块与土壤分析、空中播种、喷洒作业、农作物监控、农业灌溉和作物健康评估的作用。随着各国政府放宽无人机管制，越来越多的企业加大了农业无人机的研发投入，农业无人机在未来农业生产中越来越重要。

大疆精灵 4M 无人机

大疆精灵 4M 是深圳市大疆创新科技有限公司于 2019 年 9 月发布的航测无人机，可采集高精度多光谱数据，助力农业监测与环境监察工作高效完成。

基本参数	
轴距	350 毫米
整机重量	1.487 千克
最大上升速度	6 米 / 秒
最大下降速度	3 米 / 秒
最大平飞速度	58 千米 / 时
最大飞行时间	27 分钟
最远遥控距离	7 千米
电池容量	5870 毫安时

大疆精灵 4M 配备一体式多光谱成像系统，集成了 1 个可见光相机及 5 个多光谱相机（蓝光、绿光、红光、红边和近红外），分别负责可见光成像及多光谱成像。所有相机均拥有 200 万像素解析力并配备全局快门。这套出色的成像系统装置于三轴云台上，成像清晰稳定。机身顶部集成多光谱光强传感器，可采集太阳辐照度并记录于影像文件中，并在二维重建过程对影像数据进行光照补偿，从而获得更准确的 NDVI（归一化植被指数）结果，提高不同时段采集到的数据的准确度与一致性。大疆精灵 4M 还配备了 NDVI 分析功能，用户可在 NDVI 分析和实时 RGB 影像之间进行切换，异常状况一目了然，从而快速做出针对性决策。

大疆精灵 4M 采用 TimeSync 时间同步系统，通过将飞控、相机与 RTK 的时钟系统进行微秒级同步，实现相机成像时刻毫秒级误差，并对每个相机镜头中心点位置与天线中心点位置结合设备姿态信息进行实时补偿，使影像获得更加精确的位置信息。

大疆精灵 4M 无人机俯视图

大疆精灵 4M 无人机搭载的相机

大疆 T20P 无人机

大疆 T20P 是深圳市大疆创新科技有限公司于 2021 年 11 月发布的农业无人机。

大疆 T20P 集航测与飞防于一体，搭载超高清摄像头，云台角度可调，视野由用户掌控。该无人机可实时采集农田、果园影像，无须网络，通过遥控器即可本地建图，自动识别地块边界与障碍物，快速规划大田、山地果园作业航线。大疆 T20P 搭载双重雾化喷洒系统，拥有 20 千克喷洒、35 升（25 千克）播撒载重。

基本参数	
长 × 宽 × 高 (毫米)	2800×3125×640
整机重量	32 千克
最大起飞重量	58 千克
最大悬停时间	14.5 分钟
最大飞行半径	2 千米
最远遥控距离	7 千米
电池容量	13000 毫安时
抗风能力	4 级

大疆 T20P 采用四旋翼结构，全新倾斜式桁架机身设计，可有效减少 77% 的体积占比，单人作业也能轻松搬运。为满足农田复杂恶劣的环境要求，其核心部件采用多重防护设计，历经防水、防尘、防腐蚀、高低温、长时间老化等上百项严格测试，可靠耐用，维护省心。该无人机配备了 6000W 全能变频充电站，充电模块可单独分离，支持市电输入（需额外购买 AC 模块），满足多场景充电需求。搭配 13000 毫安时智能飞行电池，可实现 9 分钟快充，两电轻松循环。

飞行中的大疆 T20P 无人机

大疆 T40 无人机

大疆 T40 是深圳市大疆创新科技有限公司于 2021 年 11 月发布的农业无人机。

基本参数	
长 × 宽 × 高（毫米）	2800×3150×780
整机重量	50 千克
最大起飞重量	101 千克
最大悬停时间	18 分钟
最大飞行半径	2 千米
最远遥控距离	7 千米
电池容量	30000 毫安时
抗风能力	4 级

大疆 T40 采用共轴双旋翼设计，带来 40 千克的喷洒与 50 千克（70 升）的播撒载重。机身配备称重传感器，可实时掌握播撒量和剩余料量。播撒器可在 3 分钟内快速拆卸，支持水洗，维护便捷。该无人机搭载双重雾化喷洒系统、智图系统、有源相控阵雷达和双目视觉感知系统，集飞防、航测于一体，帮助用户轻松迈向精准农业。大疆 T40 的探测距离高达 50 米，支持智能仿地、顺滑翻越和绕行多重障碍物。即使在果园丘陵等复杂地形，也能畅飞无阻。

大疆 T40 配备了 12000W 全能变频充电站，采用全新电喷技术，有效省油 15%。同时充电模块还可单独分离，支持市电输入（需额外购买 AC 模块）。另外，充电站支持 1500W 交流输出，能够满足遥控器、水泵、加药机、照明灯等设备用电。搭配 30000 毫安时智能飞行电池，以及风冷散热器，可实现极速降温，双电循环。

大疆 T40 无人机（右）和大疆 T20P 无人机（左）

大疆 T40 无人机停在田间

大疆 T25 无人机

大疆 T25 是深圳市大疆创新科技有限公司于 2022 年 11 月发布的农业无人机。

基本参数	
长 × 宽 × 高（毫米）	2585×2675×795
整机重量	32 千克
最大起飞重量	58 千克
最大平飞速度	10 米 / 秒
最大飞行半径	2 千米
最远遥控距离	7 千米
电池容量	15500 毫安时
抗风能力	4 级

大疆 T25 采用可折叠设计，搭载前后有源相控阵雷达、全新双目视觉系统、超高清 FPV 云台相机，集航测与飞防于一体，适用于多种地形，轻巧灵活，满足单人作业。该无人机可实时采集农田、果园影像，搭配智能遥控器，即可生成高清地图与航线，一键起飞，实现全时段自动作业。搭配避障系统，可实现最大 50 度坡度的果树航测，并自动识别果树棵数与障碍物，依据果树分布走势，生成精准三维航线。全新升级的四天线 O3 图传系统，传输距离最远可达 2 千米，增强图传系统抗干扰能力，在面对高秆作物时，信号质量大幅提升。

大疆 T25 拥有最大 20 千克喷洒与 25 千克播撒载重。该无人机配备了双重雾化喷洒系统，拥有 16 升 / 分超大流量（2 个喷头喷洒），雾滴均匀细密，无滴漏。还可增配一对离心喷头，将流量提升至 24 升 / 分（4 个喷头喷洒），这通常适用于大水量作业场景。

大疆 T50 无人机

大疆 T50 是深圳市大疆创新科技有限公司于 2022 年 11 月发布的农业无人机。

基本参数	
长 × 宽 × 高 (毫米)	2800×3085×860
整机重量	52 千克
最大起飞重量	103.5 千克
最大平飞速度	10 米 / 秒
最大飞行半径	2 千米
最远遥控距离	7 千米
电池容量	15500 毫安时
抗风能力	4 级

大疆 T50 延续了大疆 T2S 强劲的共轴双旋翼动力系统，采用分体式抗扭固定结构，强度更高。搭载双重雾化喷洒系统、前后相控阵雷达与双目视觉系统，集航测与飞防于一体，为用户带来更稳定的作业保障与更优质的作业效果。全新播撒电机和螺旋流道甩盘，大幅提升播撒效率与流畅度。大疆 T50 拥有 40 千克的喷洒与 50 千克的播撒载重，喷洒流量为 16 升 / 分，播撒流量为 108 千克 / 分。雾滴粒径可调，粒径范围 50 ～ 500 微米，适应更多药剂。用户还可选配果树套件，实现 50 千克喷洒载重，搭配 4 个喷头喷洒，流量可达 24 升 / 分。此外，还可更换小型仓口，提升油菜籽等小流量播撒的重量精度。

大疆 T50 配备 D12000iEP 全能变频充电站，延续电喷技术，有效省油 15%。DB1560 智能飞行电池，搭配风冷散热器，可实现 9 分钟极速快充。充电模块可独立拆卸，以满足市电、燃油充电需求。

大疆御 3M 无人机

大疆御 3M 是深圳市大疆创新科技有限公司于 2022 年发布的航测无人机，适用于果树航测、智能巡田、指导精准变量作业、环境监测和自然资源调查。

基本参数	
长 × 宽 × 高（毫米）	347.5×283×139.6
整机重量	0.951 千克
最大上升速度	8 米 / 秒
最大下降速度	6 米 / 秒
最大平飞速度	75.6 千米 / 时
最大飞行时间	43 分钟
最远续航里程	32 千米
电池容量	5000 毫安时

大疆御 3M 拥有全新升级的影像系统，集成了 1 个 2000 万像素可见光相机及 4 个 500 万像素的多光谱相机（绿光、红光、红边和近红外）。其中，可见光相机采用 4/3 CMOS 影像传感器，机械快门最快速度为 1/2000 秒，只使用可见光时，支持 0.7 秒高速连拍。与大疆精灵 4M 一样，大疆御 3M 的机身顶部也集成了多光谱光强传感器。

大疆御 3M 搭配 RTK 模块，实现厘米级高精度定位。飞控、相机与 RTK 模块微秒级同步，精确获取每个相机成像中心的位置信息，使大疆御 3M 在高速飞行下也能做到免像控航测。该无人机在 43 分钟巡航时间内，单架次可完成 3000 亩区域的测绘作业或 850 亩山林果树航测作业。

停在地面上的大疆御 3M 无人机

飞行中的大疆御 3M 无人机

谷上飞 L30 无人机

谷上飞 L30 是羽人无人机（珠海）有限公司推出的农业无人机。

谷上飞 L30 是针对大中型农田作业全新优化设计的高效农业无人机，采用折叠一体化设计，结构稳定，负载能力强，抗风性能好，转场方便。谷上飞 L30 可一机多用，同一架无人机可根据不同用途分别具备水剂功能、播撒功能、粉剂功能及精量直播功能。该无人机采用雷达精准定高，感知飞行方向的地形变化，并根据地形和作物高度及时调整飞行高度，实现仿地飞行，确保飞行中的均匀喷洒，满足多种作业需求。

基本参数	
长 × 宽 × 高（毫米）	2970×2970×850
整机重量	18 千克
最大起飞重量	63 千克
最大平飞速度	28.8 千米 / 时
最大飞行时间	30 分钟
最远遥控距离	1.5 千米
工作环境温度	0℃ ~ 45℃
电池容量	16000 毫安时

谷上飞 L30 进行喷洒作业时，有效喷幅为 7 ～ 9 米，喷洒效率高达 180 亩 / 时。工作中螺旋桨的下洗气流可以很好地增加喷施药剂的穿透性，同时促使农作物摆动，叶片的正反面均可着药，从而提高施药效果。进行撒播作业时，载料量高达 35 千克，播撒效率高达 300 亩 / 天，可轻松实现鱼饵、肥料、种子等颗粒的智能高效播撒，既适用于农、林、渔牧区、草场等平坦耕地，也适用于坡地、丘陵等复杂地形，具有高效智能、播撒均匀、结构简单、操作方便等特点。

华科尔 AG18 无人机

华科尔 AG18 是广州市华科尔科技股份有限公司于 2019 年发布的植保无人机。

基本参数	
长 × 宽 × 高 (毫米)	2055×1780×1050
整机重量	35.8 千克
最大起飞重量	56.1 千克
最大平飞速度	54 千米 / 时
最大飞行时间	25 分钟
最大起飞海拔高度	4 千米
最远遥控距离	6 千米
抗风能力	5 级

华科尔 AG18 所有机臂均采用可垂直折叠设计，结构紧凑牢固，同时减少了无人机的占用面积。该无人机整体采用模块化机体结构设计，为工作人员减少装箱的难度，节省组装的时间。其采用模块化结构，可快速拆卸、更换，让后期维护变得更加方便和经济。该无人机具备工业级防水、防尘、防腐蚀能力，能够适应严酷的田间环境，强度高，维护成本低，寿命长。其采用了双天线技术，具有强大的抗磁干扰能力，在高压线附近等复杂环境中依然稳定飞行。华科尔 AG18 采用先进的汽油发动机带发电机一体化动力电源技术，充分结合了油动和电动的各项优势：油动发电，保留了燃油的高能量；电力驱动旋翼，又保留了电驱动操纵灵活稳定的特点。

华科尔 AG18 强劲的下压风场搭配专业防风喷头，能够有效减小药雾被旋置气流卷起，喷洒覆盖广且均匀，还能防止机身残留药雾，确保无人机接触的安全性。配合专为农业应用定制的应用程序，为作业提供智能航线规划，可实时编辑、修改航线。

禾启 Swan-K1 M1 无人机

禾启 Swan-K1 M1 是深圳市禾启智能科技有限公司于 2021 年 6 月发布的农业无人机，具有数据精度高、飞行覆盖面积广、环境适应性强、应用场景多、到手即飞、操作简单的特点。

基本参数	
翼展	1200 毫米
整机重量	1.12 千克
最大起飞重量	1.75 千克
最大平飞速度	48.6 千米 / 时
最大飞行时间	60 分钟
最远续航里程	40 千米
最远遥控距离	5 千米
电池容量	5500 毫安时

禾启 Swan-K1 M1 是一款无舵面、垂直起降、固定翼农业多光谱无人机，拥有 4 个 130 万像素多光谱通道和 1 个 800 万像素 RGB 通道。机背无遮挡安装环境光传感器 DLS/GPS，同步获取与 4 个光谱通道对应波长的环境光辐照度并记录于对应的 TIFF 图像中，降低云层遮挡、太阳角度变化等因素对拍照的影响，提高大田多变环境下长航时数据获取的一致性。

禾启 Swan-K1 M1 具有一键起飞、一键返航、地理围栏、失控返航等功能。该无人机在典型工况（晴好天气，风力≤ 4 级，航向重叠率 80%，旁向重叠率 70%）下，航高为 120 米，单架次作业面积超过 1000 亩，支持飞控触发拍照。

汉和金星一号无人机

汉和金星一号是无锡汉和航空技术有限公司推出的植保无人机。

汉和金星一号采用独特的无关节设计。当遇到外力撞击后，该无人机的电池、药箱、机架将自动分离，每个模块单独承受外力冲击，同时立刻断电，不会对电机、电调、飞控造成二次伤害，从而降低了机器的维修成本，提高了无人机使用寿命。重新组装解体的零部件，只需要 15 分钟就能够重新恢复作业，减少维修成本，大大提高工作效率。

基本参数	
长 × 宽 × 高 (毫米)	2160×2160×600
整机重量	19.6 千克
药箱容量	10 升
作业喷幅	5 米
最大平飞速度	21.6 千米 / 时
最大飞行时间	10 分钟
最远测控距离	3 千米
电池容量	16000 毫安时

汉和金星一号具备多个极具竞争力的用户价值点，如全自主作业、自主避障、仿地飞行、简单 AB 点等功能，为飞防提供了傻瓜式解决方案；作业数据可实时接入政府监管部门云系统，实现安全监管；通过报警提示、密钥认证，后台实时监控飞行状态等功能，更加安全化，通过精准定点、远距巡航、断点记忆连续作业等功能，提高作业效率，同时具备三种作业模式，最大限度地适应不同类型地块作业需求。

极飞 V40 无人机

极飞 V40 是广州极飞科技股份有限公司推出的农业无人机。

基本参数（2021 年款）	
长 × 宽 × 高（毫米）	2795×828×731
整机重量	20 千克
最大起飞重量	48 千克
最大平飞速度	25.2 千米 / 时
最大起飞海拔高度	4 千米
最远遥控距离	1 千米
工作环境温度	-10℃～40℃
电池容量	20000 毫安时

极飞 V40 采用革命性的倾转双旋翼结构，风场更加集中，能源效率更高，飞行更加灵活。该无人机采用模块化设计，可快速更换任务系统（睿喷、睿播），满足各种作业需求。机臂与螺旋桨均可折叠，搬运体积减小至 1/3，有效节省运输空间。整机具备 IP67 防护等级，从容应对严酷考验，日常维护更加方便。

极飞 V40 搭载 SuperX 4 智能控制系统，将强大的人工智能算法、高性能动力总成与灵活的任务系统结合起来。该无人机配备的睿喷系统采用离心雾化喷洒技术，最大流量为 10 升 / 分，雾化颗粒从 60 微米到 400 微米任意调节，有效喷幅可达 10 米。睿播系统采用螺旋变量送料器、双离心宽幅播盘，精准控量，均匀播撒，效率高达 40 千克 / 分。极飞 V40 全面支持极飞 AI 处方图技术，根据农作物生长状态，进行差异化精准植保，从而大幅减少农药使用量。

停在地面上的极飞 V40 无人机

飞行中的极飞 V40 无人机

极飞 V50 无人机

极飞 V50 是广州极飞科技股份有限公司推出的农业无人机。

极飞 V50 采用先进的折叠双旋翼结构，大大减少收纳空间。分体平台设计，可自由换装睿喷 2 喷洒系统、睿播 3 播撒系统。

基本参数 (2023 年款)	
长 × 宽 × 高 (毫米)	1210×2814×575
整机重量	24 千克
额定载重	20 千克
最大平飞速度	43 千米 / 时
最大起飞海拔高度	2 千米
最远遥控距离	1 千米
工作环境温度	0℃～40℃
电池容量	20000 毫安时

极飞 V50 的额定载重为 20 千克，搭载 20 升药箱和 25 升料箱。其最大喷洒流量为 12 升 / 分，雾化粒径范围为 60～400 微米，有效喷幅为 5～8 米。最大推料速度为 110 千克 / 分，最大播撒作业速度为 12 米 / 秒，有效播幅为 4～8 米，颗粒粒径为 1～6 毫米。智能螺旋送料器可随飞行速度变化自动控制推料量，实现实时变量播撒，分布更均匀。极飞 V50 在大多数植保飞防场景，使用 1 升亩用量的常规作业参数，20 升药箱的喷洒时长可与电池续航时间完美匹配，配合电池水冷超充，两块电池就能循环作业，省心又经济。

极飞 V50 Pro 无人机

极飞 V50 Pro 是广州极飞科技股份有限公司推出的农业无人机。

基本参数 (2023 年款)	
长 × 宽 × 高 (毫米)	3018×1415×583
整机重量	25.5 千克
额定载重	20 千克
最大平飞速度	50 千米 / 时
最大起飞海拔高度	2 千米
最远遥控距离	1 千米
工作环境温度	0℃～40℃
电池容量	20000 毫安时

极飞 V50 Pro 采用轻巧的折叠双旋翼结构，分体平台设计，结合极飞睿喷 3 喷洒系统、睿播 3 播撒系统和睿图 2 测绘系统，一个人即可实现精准高效的作业。其轻巧的体型可以适应多种复杂地形，尤其是在树木密集、环境局促的山地果园中；其更小的体型还能降低起降点选择的难度，使用户更方便作业。用户通过极飞 ARC3 Pro 双手遥控器操控无人机，还可以实现快速转场。对于地块异常分散、作业中需要频繁转场的用户来说，更加方便省事。

极飞 V50 Pro 的药箱容量为 20 升，最大喷洒流量为 12 升 / 分。料箱容量为 25 升，最大推料速度为 110 千克 / 分。该无人机作为单电池作业设备，如果使用常规大田喷洒参数（1 升亩用量，速度 6 米 / 秒，6 米喷幅）时，可在一块电池的续航时间内刚好喷洒完一箱药液，另一块电池又刚好完成充电，续航时间、喷洒时间、充电时间恰好匹配，完美实现两块电池的循环作业。

极飞 P10 无人机

极飞 P10 是广州极飞科技股份有限公司推出的小型植保无人机。

极飞 P10 采用一体化设计，无须工具即可快速换装，方便检修。折叠式螺旋桨，显著提升安全系数和便携程度。基于 2000 万亩次植保经验的深度定制，极飞 P10 能灵活匹配各类地形的作业需求。极飞 P10 配备毫米波雷达仿地，30 米超大量程，适应全部地形。全向 40 度角地形扫描，仿地偏差小于 10 厘米。独具光流定位模块，在 GNSS RTK 或 GPS 出现信号遮挡、干扰等故障时，系统将启动光流定位，从而确保飞行安全，夜间作业同样可靠。

基本参数（2018 年款）	
长 × 宽 × 高（毫米）	1410×1460×383
整机重量	10 千克
额定载重	6 千克
最大平飞速度	43 千米 / 时
最大起飞海拔高度	4 千米
最远遥控距离	1 千米
工作环境温度	-10℃～40℃
电池容量	10000 毫安时

极飞 P10 支持云 RTK 飞行模式，无须架设移动基站，即可实现精准植保作业；内置三网（移动、联通、电信）通信模块，确保全国范围内的网络覆盖。基于植保作业深度定制的 A2 手持地面站，操作简单，超长续航，具备 IP67 防护等级，内置各类植保作业软件，稳定可靠。ARC1 掌上遥控器小巧轻便，具有语音播报功能，防尘、防水溅。内置智能 AB 点与喷洒区域网格化记忆功能，不会发生重喷、漏喷现象。

极飞 P20 无人机

极飞 P20 是广州极飞科技股份有限公司推出的农业无人机。

基本参数（2019 年款）	
长 × 宽 × 高（毫米）	1830×1822×452
整机重量	13.1 千克
最大起飞重量	32 千克
最大平飞速度	43 千米 / 时
最大起飞海拔高度	4 千米
最远遥控距离	1 千米
工作环境温度	-10℃ ~ 40℃
电池容量	14000 毫安时

极飞 P20 与极飞 P10 部件兼容性高达 80%，堪称放大版极飞 P10。极飞 P20 试图让用户通过简单、智能的操作，安全、高效地完成植保喷洒。无论在大田、果园、山地、丘陵还是梯田，极飞 P20 都能够将药液均匀、精准地喷洒到每一株需要保护的作物上。每小时空中喷洒效率可达 210 亩，在减少 30% 以上的农药使用的同时，还能节约 90% 的水资源，从而保证了农产品质量安全、绿色环保。极飞 P20 配备极飞第五代全自主作业模式及仿地雷达模块，只需在应用程序上预设基本的飞行及喷洒参数，便可在平原、丘陵、树林等不同场景自如作业。

极飞 P20 采用极飞自主研发的 iRASS 离心雾化喷洒系统，利用离心机原理，将药液经过喷盘加速甩出，形成微米级雾化颗粒。优化后的螺旋桨下压风场可显著减少药液漂移，提高喷洒分布的均匀性和着药率。通过控制喷盘和水泵的转速，轻松调整雾化颗粒的大小及喷洒流量，从而满足精准农业的要求。

极飞 P30 无人机

极飞 P30 是广州极飞科技股份有限公司推出的农业无人机。

基本参数（2019 年款）	
长 × 宽 × 高（毫米）	2018×2013×490
整机重量	16.05 千克
最大起飞重量	41 千克
最大平飞速度	43 千米 / 时
最大起飞海拔高度	4 千米
最远遥控距离	1 千米
工作环境温度	-10℃～40℃
电池容量	18000 毫安时

极飞 P30 采用独有的材料和制造工艺，整体结构强度极高。行业首创无人机“防滚架”设计，创新的“三段式应力释放”结构，减少舱体与核心部件损坏风险，避免药箱和电池意外脱落导致的农田污染，进一步保障作业安全。整机具备 IP67 级三防性能，可全身水洗。在保证机身强度的前提下，为了方便用户拆装及维修保养，整机采用模块化设计，仅需 10 分钟即可完整装配一台无人机，既方便远距离运输，又大大缩短了维护时间。

极飞 P30 搭载第二代智能药箱，可通过蓝牙与无人机连接，实时显示药箱剩余药量，无须流量计，即可精准计算喷洒流量。ALR5 智能灌药机，基于云端任务信息，根据所需药量自动灌装，药量精确到毫升。它将操作员和农药物理隔离，从而降低人员中毒风险，既安全又环保。

极飞 P30 无人机在喷洒药液

极飞 P30 无人机在农田上空飞行

极飞 P40 无人机

极飞 P40 是广州极飞科技股份有限公司推出的农业无人机，集喷洒、播撒、测绘多功能于一体。

基本参数（2021 年款）	
长 × 宽 × 高（毫米）	2110×2127×555
整机重量	20 千克
最大起飞重量	48 千克
最大平飞速度	36 千米 / 时
最大起飞海拔高度	4 千米
最远遥控距离	1 千米
工作环境温度	-10℃～40℃
电池容量	20000 毫安时

极飞 P40 的机身采用铝合金材质，保证结构强度，增强抗震性。高性能动力电机，配合 40 英寸高效螺旋桨，大幅减少机臂震动，降低损耗，为高载荷作业持续提供稳定、充足的动力支持。该无人机搭载上视雷达、前置动态雷达和仿地雷达模块，可以实现飞行方向全向、四维感知障碍物及周围环境，准确预判所有障碍物动态，使飞行作业更安全。

极飞 P40 配备睿图测绘系统，让农业无人机首次拥有快速测绘能力，能够全自主飞行拍摄、拼接和分析农田影像，生成农田高清地图和 AI 处方图，精确识别农田边界与作物生长趋势，测绘效率是传统人工的 80 倍以上。该无人机配备的睿喷系统采用双喷头和大流量蠕动泵设计，流量最大可达 10 升 / 分，搭载全新无刷电机和离心喷盘，全面提升雾化效率，使喷洒更加均匀可控。而睿播系统采用行业首创的双离心播盘和螺旋式送料器设计，使播幅大大提升，播撒更高效、均匀，且不伤种子，搭载 25 升播撒料箱，每小时可播撒 2.4 吨肥料或 1.6 吨水稻种子。

飞行中的极飞 P40 无人机

极飞 P40 无人机尾部视角

极飞 P80 无人机

极飞 P80 是广州极飞科技股份有限公司推出的农业无人机。

极飞 P80 采用横梁对称式机身结构，全面提升载重能力，结构更强，抗震性更好。机架采用碳强化聚合物，强度高，耐腐蚀。整机高度模块化设计，多元件通用，大幅降低了维修成本。该无人机采用专业盘式电机，提供更高效、更持久、更稳定的动力，配合空气力学动力桨，大幅减少机臂震动，有效提高安全性，大大降低了使用成本。

基本参数（2021 年款）	
长 × 宽 × 高（毫米）	2460×2487×564
整机重量	32 千克
最大起飞重量	88 千克
最大平飞速度	36 千米 / 时
最大起飞海拔高度	4 千米
最远遥控距离	1 千米
工作环境温度	-10℃～40℃
电池容量	20000 毫安时

极飞 P80 拥有惊人的 40 千克载重能力，搭载极飞 SuperX 4 智能控制系统，结合极飞睿图、睿喷、睿播模块，多向雷达矩阵，在精准喷洒、均匀播撒、智能测绘等农事执行环节，实现作业效率的跨越式突破，可谓精准农业领域全知全能的多面手。该无人机有标准模式、自由航线、定点航线、遥控作业四种操控模式，新用户也能快速上手。用户在智能手机上安装极飞农服应用程序，即可满足所有作业需求，无须下载多款应用程序。作业完成后，各项作业数据自动储存至云端，一键即可生成作业报告。

飞行中的极飞 P80 无人机

极飞 P100 无人机

极飞 P100 是广州极飞科技股份有限公司推出的农业无人机，集智能测绘、高效播撒和精准喷洒于一体。

极飞 P100 采用分体平台设计，飞行平台和任务系统分离，能够减轻搬运重量，便于换装、转场、运输和保养。该无人机配备了成熟稳定的四旋翼结构、澎湃的动力配置、灵敏细腻的 4D 成像雷达、轻巧耐用的双手遥控器，其 2023 年款更是换装了全新的睿喷 2 喷洒系统、睿播 3 播撒系统。

基本参数 (2023 年款)	
长 × 宽 × 高 (毫米)	2487×2460×303
整机重量	39.6 千克
额定载重	40 千克
最大平飞速度	50 千米 / 时
最大起飞海拔高度	2 千米
最远遥控距离	1 千米
工作环境温度	0℃ ~ 40℃
电池容量	20000 毫安时

极飞 P100 的额定载重为 40 千克，搭载 40 升药箱和 80 升料箱，具有全自主、双手遥控作业两种操控模式。其最大喷洒流量为 12 升 / 分，雾化粒径范围为 60 ～ 400 微米，有效喷幅为 5 ～ 10 米。用户可升级双泵管蠕动泵，最大喷洒流量可达 22 升 / 分。该无人机的最大推料速度为 150 千克 / 分，最大播撒作业速度为 13.8 米 / 秒，有效播幅为 3 ～ 7 米，颗粒粒径为 1 ～ 6 毫米。直列对置离心播盘，赋予颗粒更快的垂直向下加速度，抗风能力强。播幅大小随飞行高度变化，精准可控，轻松实现地毯式播撒，不重播、不漏播。

作业中的极飞 P100 无人机

极飞 P100 无人机侧面视角

极飞 P100 Pro 无人机

极飞 P100 Pro 是广州极飞科技股份有限公司推出的农业无人机，适用于小麦病虫害防治、水田封闭除草、果园病虫害防治、水稻尿素播撒、小龙虾投饲等。

基本参数 (2023 年款)	
长 × 宽 × 高 (毫米)	2927×2868×323
整机重量	46 千克
额定载重	50 千克
最大平飞速度	50 千米 / 时
最大起飞海拔高度	2 千米
最远遥控距离	1 千米
工作环境温度	0℃～ 40℃
电池容量	20000 毫安时

极飞 P100 Pro 采用折叠四旋翼设计，螺旋桨尺寸为 55 英寸。该无人机采用分体平台设计，搭配双重安全卡扣和三防插头，一掰一扣，可快速切换任务系统。整机折叠后可减少近 62% 的收纳体积，加上贴心的折叠紧固设计，转场运输更省心。机臂上设有多级应力释放点，可最大限度吸收撞击动能，有效降低维修成本。其具备 IPX6K 防护等级，无惧农田的恶劣环境，使用后整机可水洗，从而降低腐蚀风险，延长使用寿命。

极飞 P100 Pro 配备极飞睿喷 3 喷洒系统和睿播 3 播撒系统，搭载 50 升药箱、80 升料箱，最大喷洒流量为 22 升 / 分，最大推料速度为 150 千克 / 分。综合植保效率为大田 285 亩 / 时，果园 30 亩 / 时。综合播撒效率为撒肥 1300 千克 / 时，投饲 460 亩 / 时。

极飞 P100 Pro 无人机顶部特写

极飞 P100 Pro 无人机料箱特写

极飞 XP 无人机

极飞 XP 是广州极飞科技股份有限公司推出的农业无人机，集智能播撒、精准喷洒于一体。

基本参数 (2020 年款)	
长 × 宽 × 高 (毫米)	2195×2210×552
整机重量	26.62 千克
最大起飞重量	48 千克
最大平飞速度	43 千米 / 时
最大起飞海拔高度	4 千米
最远遥控距离	1 千米
工作环境温度	0℃～40℃
电池容量	18000 毫安时

极飞 XP 采用新一代动力系统，高性能电机输出强劲动力，配合 40 英寸高效螺旋桨，得到了飞行力效大幅提升。FOC 矢量控制电调，精准调整飞行姿态。全新柔性连接结构，优化电机与机臂的连接设计，为高载荷作业持续提供稳定、充足的动力支持。极飞 XP 可灵活搭载不同容量的作业箱，通过手机或智能遥控器，在所有地形条件下都能轻松高效地开展播种、撒肥、施药和投饲工作，为用户提供智能、精准、高效、灵活的生产解决方案。

极飞 XP 支持 20 升药箱与 16 升颗粒箱。经大量研究测试发现，20 升为农业无人机载荷与机动性的最优平衡，达到 7 米宽距喷幅的同时，保留无人机快速转运的灵活优势。极飞 XP 快喷效率可达 265 亩 / 时，精喷效率可达 146 亩 / 时。仅需 2 组超充电池与 1 台燃油超充站，即可为连续作业循环供电。极飞 XP 使用第三代全新 B13860S 智能超充电池，可实现 15 分钟极速充电，同时搭载 XBMS 智能电源管理系统，电芯电量自平衡，从而保证飞行安全。

飞行中的极飞 XP 无人机

停在地面上的极飞 XP 无人机

极飞 M500 无人机

极飞 M500 是广州极飞科技股份有限公司推出的农业遥感无人机。

极飞 M500 专为数字农业打造，可实现全自主飞行、自动高精度图像采集、高性能数据处理，让农业生产者对自己的田地了如指掌，及时“对症下药”，提升农田管理效率。该无人机可搭载 XCam 20MP Pro 云台相机、XCam 26MP APS-C 云台相机、XCam 20H 双光云台相机、XCam 20M 多光谱云台相机，支持四款相机灵活切换，获取农田不同维度的数字信息，大到农田全貌，小到作物长势，能及时知晓作物状态，降低田间管理成本。

基本参数（2022 年款）	
长 × 宽 × 高（毫米）	682×682×177
整机重量	2.25 千克
最大上升速度	4 米 / 秒
最大平飞速度	36 千米 / 时
最大起飞海拔高度	6 千米
最远遥控距离	5 千米
工作环境温度	0℃～ 40℃
电池容量	6000 毫安时

极飞 M500 采用 SuperX 4 Pro 智能控制系统，具备 RTK 厘米级定位导航能力，可实现全自主飞行，机载端实时拼接，落地即可出图。该无人机配备了极飞 SRC1 智能遥控器，内置 Xpilot 应用程序，可实现自主飞行和手动控制自由切换，其有多种任务模式可选，能够满足不同巡田场景。同时还采用了 4G 和 Wi-Fi 双通信系统，即使是远距离依然连接顺畅。

飞行中的极飞 M500 无人机

极飞 M2000 无人机

极飞 M2000 是广州极飞科技股份有限公司推出的农业遥感无人机，适用于农业生产、乡村管理、农业资源调查等。

基本参数（2022 年款）	
长 × 宽 × 高（毫米）	1700×918×301
整机重量	3.1 千克
最大上升速度	5 米 / 秒
最大平飞速度	79 千米 / 时
最大起飞海拔高度	6 千米
最远遥控距离	5 千米
工作环境温度	0℃～40℃
电池容量	8000 毫安时

极飞 M2000 采用垂直起降固定翼设计，搭载极飞 SuperX 4 Pro 智能控制系统，具备高品质地理数据获取能力，能够轻松应对高频次、高要求、多场景的航测任务，单人单机每小时航测效率高达 8000 亩，同时稳定快速地构建数字地图，高效助力生产决策。该无人机起降灵活方便，配合高能量密度电池，最长续航可达 90 分钟，单架次最远飞行距离为 86 千米。其高强度 EPP 材料机身采用模块化结构，可快速拆装，从开箱到起飞仅需 3 分钟。

极飞 M2000 可搭载 Xcam 20MP Pro 云台相机、Xcam 26MP APS-C 云台相机、Xcam 20H 双光云台相机、Xcam 20M 多光谱云台相机，四款相机均搭配三轴机械增稳云台、1/2000 秒机械快门，可实现高速飞行拍摄，并消除果冻效应。相机配备了抗畸变镜头，可实现自动光学对焦，成像非常清晰。该无人机配备的极飞 SRC1 智能遥控器支持 Wi-Fi、4G 双数传和双图传，远距离依然连接顺畅。

飞行中的极飞 M2000 无人机

极飞 C2000 无人机

极飞 C2000 是广州极飞科技股份有限公司推出的农业测绘无人机。

基本参数 (2018 年款)	
长 × 宽 × 高 (毫米)	982.2×982.2×198
额定载重	1.5 千克
最大起飞重量	6.5 千克
最大平飞速度	54 千米 / 时
最大起飞海拔高度	4 千米
最大飞行时间	40 分钟
工作环境温度	-10℃～40℃
电池容量	16000 毫安时

极飞 C2000 采用横向插拔卡扣式电池装卸结构、模块化机身设计，可无工具快速换装；天线内置设计，保证数据传输安全、快速；多项冗余设计，确保系统稳定运作，安全飞行。该无人机采用极飞自主研发的 SuperX 2 飞行控制系统，能实现全自主航线飞行和高精度地图自动采集。极飞 C2000 采用 GNSS RTK 定位技术，为无人机所采集的图像赋予更高精度的坐标。GNSS RTK 技术不仅能让测绘无须像控点（像片控制点），颠覆传统测绘作业方式，同时还能让极飞 C2000 拥有抗磁干扰能力，在高压线、矿区等复杂地磁环境下也能稳定飞行。

极飞 C2000 采用了高性能锂离子电池和极飞 XBMS 电源管理系统，单次续航时间长达 40 分钟，一次起降可测量的最大面积为 130 万平方米。该无人机可以搭载不同相机模块，可采集的信息包括正射影像、地形、地貌、高精度地理位置信息、高程（某点垂直方向到基面的距离）数据及多光谱图像等。

启飞智能 A6 无人机

启飞智能 A6 是杭州启飞智能科技有限公司于 2018 年发布的农业植保无人机。

启飞智能 A6 小巧灵活、便于携带，是启飞智能的积淀之作。它继承了启飞各类型飞机的优点：6 升药箱容积，能源利用率高；机身模块化，降低维护成本；插拔式药箱，使换药更快速；专业摄像头，能更好地辅助飞行作业；支持手动飞行、全自主飞行、AB 点作业。

基本参数 (2020 年款)	
长 × 宽 × 高 (毫米)	855×855×406
整机重量	7.1 千克
最大起飞重量	15.6 千克
最大平飞速度	25 千米 / 时
最大飞行高度	30 米
最远遥控距离	2 千米
工作环境温度	0℃～40℃
电池容量	6200 毫安时

启飞智能 A6 吸取了大量实地作业经验，同时结合了复杂小地块的市场需求，是扫边、复杂小地块、山地等作业的利器。其喷洒流量为 1 ～ 1.8 升 / 分，单次作业面积为 6 亩，每小时作业面积为 20 ～ 60 亩。雾滴大小为 80 ～ 130 微米，喷洒直径为 2 ～ 3.5 米。

启飞智能 A16 无人机

启飞智能 A16 是杭州启飞智能科技有限公司推出的植保无人机。

基本参数 (2020 年款)	
长 × 宽 × 高 (毫米)	1200×1191×555
整机重量	16.1 千克
最大起飞重量	41.3 千克
最大平飞速度	25 千米 / 时
最大飞行高度	30 米
最远遥控距离	2 千米
工作环境温度	0℃～ 40℃
电池容量	18000 毫安时

启飞智能 A16 采用插拔机臂设计，只需对准相应的孔位插入，无须任何的校准，拔出机臂以后体积减少 2/3，使运输更方便。插拔式快装电池和药箱，5 秒即可更换完毕。该无人机搭载的 4 台集成式无刷水泵，调节精度高，流量阈值大，每一路喷洒都支持单独的流量控制调节，可单路校准，达到四路统一的精度，最大流量可达 8 升 / 分。水泵模块支持独立数据监控，能够实时反映水泵的健康状况。喷洒系统支持多样化的喷嘴，可以针对不同的喷嘴适配控制环路，同时也支持动态校准。

为了提升作业安全，启飞智能 A16 配置了四向避障雷达，可 360 度感知农田障碍物并自动绕障，大大提高了安全性。该无人机支持全机自动故障检测，每次起飞前，飞行控制系统都会对无人机进行检测，如果存在潜在隐患会及时地提醒用户，将潜在危险留在地面。同时支持离线数据备份，当飞行器网络信号差的时候，飞行数据会备份到应用程序缓存中，待到信号恢复的时，可以在应用程序中选择需要上传的数据，以此来保证数据的完整性。

启飞智能 A22 无人机

启飞智能 A22 是杭州启飞智能科技有限公司推出的植保无人机。

启飞智能 A22 可靠的防护设计让该无人机的清洗维护游刃有余，通过对核心部件防护等级的升级，很好地阻断了粉尘、腐蚀物、液体等杂质的入侵，让用户在确保高效使用农用植保机的同时，减少对维护保养花费的精力。基于作业环境的多样性和复杂性，启飞智能 A22 标配 220V 交流充电器和 60V 的直流充电器，从而提高电池使用周转率。

基本参数 (2020 年款)	
长 × 宽 × 高 (毫米)	1200×1191×570
整机重量	19 千克
最大起飞重量	49 千克
最大平飞速度	25 千米 / 时
最大飞行高度	30 米
最远遥控距离	2 千米
工作环境温度	0℃～ 40℃
电池容量	18000 毫安时

启飞智能 A22 采用 AG3 Pro 飞行控制系统经历过多版本的运用优化和迭代升级，达到了现如今的 IP67 防护等级，并预留了功能延展接口和二次开发功能。三冗余 IMU、双冗余 GNSS 及多套安全机制算法，确保植保作业的稳定可靠。启飞智能 A22 的喷洒系统，通过药箱的磁敏液位传感器，可轻松精准地获知药量使用及剩余量，四路独立的无刷水泵精准控制每一路喷洒流量，提供最大 8 升 / 分的精准喷洒体验。而播撒系统拥有 25 升的大容积，可播撒 0.5 ～ 5 毫米的颗粒及种子等，播撒量可达 50 千克 / 分，有效播撒直径可达 10 米。

启飞智能 Q10 无人机

启飞智能 Q10 是杭州启飞智能科技有限公司推出的植保无人机，可满足用户喷粉、播撒、弥雾等多种作业需求，拓展更多农业生产场景。

基本参数 (2020 年款)	
长 × 宽 × 高 (毫米)	1140×1140×480
整机重量	11.3 千克
最大起飞重量	25.7 千克
最大平飞速度	36 千米 / 时
最大飞行高度	30 米
最远遥控距离	2 千米
工作环境温度	0℃～40℃
电池容量	16000 毫安时

启飞智能 Q10 在确保结构稳定的前提下，最大限度地提高了整机的模块化集成度，零部件种类更少，维护维修非常便利。机身和脚架的强度较高，耐用性强。机臂折叠功能大大增加了运输和田间搬运的便携性。

启飞智能 Q10 搭载 AG3 飞行控制系统，支持更多便于操作的功能，从而提高工作效率。该无人机配置了 2 台集成式无刷水泵，支持前后分离式喷洒，共享多种喷头，实现多种作业场景切换，其最大流量为 5 升 / 分，作业效率可达 600 亩 / 天。用户可通过启飞智能应用程序，实时查看飞行状态、灵活调取作业数据、远程检测飞行故障、智能规划航线任务、实时展示电池状态。

启飞智能 B70 无人机

启飞智能 B70 是杭州启飞智能科技有限公司推出的植保无人机。

启飞智能 B70 整机采用高强度铝合金分体框架结构设计和 50 毫米高刚度碳纤维机臂，结合整机零件模块化、统一化设计，使其形态更简单，刚性更强；高强度下折机臂，稳定耐用，彻底消除空中折臂坠机风险；自适应虚位调节，减小虚位晃动带来的影响；四连杆快速折叠，维修快速，转场自如；前后双 PV 高清摄像头，可实时查看田间情况，搭配 3D 避障雷达，让作业便省心。

基本参数	
长 × 宽 × 高 (毫米)	1480×1480×820
整机重量	42 千克
最大起飞重量	82 千克
最大平飞速度	36 千米 / 时
最大飞行高度	30 米
最远遥控距离	2 千米
工作环境温度	0℃～40℃
电池容量	30000 毫安时

启飞智能 B70 搭载了 70 升料箱，其采用超大加料口设计，可快速装下一整包肥料。搭配超大高强度过滤网，能够轻松应对肥料结块。其播撒量可达 80 千克 / 分，有效播撒直径最高可达 10 米。此外，启飞智能 B70 还搭载了 40 升药箱，配备 16 个喷头，流量可达 10 升 / 分，喷幅最高可达 8 米，配合高精度超声波流量计，让喷洒更精准，抗干扰能力更强，故障率更低，作业效率倍增。

天鹰兄弟 TY800 无人机

天鹰兄弟 TY800 是深圳天鹰兄弟无人机创新有限公司于 2016 年 4 月发布的单旋翼植保无人机。

基本参数	
长 × 宽 × 高（毫米）	2260×580×620
整机重量	13.5 千克
额定载重	39.5 千克
药箱容量	30 升
最大飞行时间	25 分钟
作业喷幅	8 米
作业效率	3.7 亩 / 分
电池容量	22000 毫安时

天鹰兄弟 TY800 采用全封闭外观设计，防水、防尘、防沙，在雨天也能安全航行，能适应各种风沙及气候多变的恶劣作业环境。航电散热系统采用法拉利散热孔工艺设计，从而确保机电系统长时间稳定工作。炫目的红色机身主体，搭配白、蓝两种配色，线条流畅，在法拉利设计风格的基础上，突出了产品外形的硬朗与阳刚之气。

天鹰兄弟 TY800 搭载天鹰兄弟与美国麻省理工学院合作研发的人工智能裸眼 3D（360 度）自主避障控制系统，使它可通过传感器和视觉系统识别作业环境和地形，自动生成 3D 飞行地图与轨迹，实现高精度避障及仿地飞行功能。该无人机搭载了 5 组美国梯杰特弥散式压力喷头，单旋翼产生的下行气流作用于雾化药剂，让药剂可以到达植物及茎叶背面，喷洒穿透力强，雾化沉降效果可靠。药箱部分则采用钻石切割工艺设计，能够有效地防止药液震荡，确保飞行稳定。其采用独立悬挂减震喷药杆，可过滤机身震动对喷药的干扰，实现精准施药，达到最佳喷洒效果。

第 5 章　其他类型无人机

除了面向普通消费者的航拍无人机、面向企业和政府机构的行业级无人机及面向农业生产的农业无人机，民用无人机大家族中还有很多成员，例如用于操控训练的训练无人机、用于飞行比赛的竞速无人机及用于休闲娱乐的钓鱼无人机等。

大疆特洛无人机

大疆特洛（Tello）是深圳市睿炽科技有限公司（大疆的全资子公司）推出的益智编程无人机。

基本参数	
长×宽×高（毫米）	98×92.5×41
整机重量	0.08 千克
桨叶尺寸	3 英寸
最大平飞速度	28.8 千米 / 时
最大飞行时间	13 分钟
最大飞行距离	100 米
最大飞行高度	30 米
电池容量	1100 毫安时

大疆特洛只需搭配智能手机即可操作飞行，100 米的飞行距离足够安全，不用担心无人机丢失。得益于大疆授权的飞控技术，用户只需轻触屏幕下达指令，大疆特洛就会自动完成各种高难度动作，如全向翻滚、弹跳模式等。大疆特洛的紧凑机身设计，轻巧又耐用。通过物理和软件的多层防护，让用户操控更放心，飞行更安全。大疆特洛搭载了 500 万像素相机，支持电子防抖，让用户能够轻松完成飞行拍摄，并制作独特的飞行视频分享至社交圈。

大疆特洛支持 Tello Edu 应用程序。通过这款移动端 Scratch 编程应用程序，用户只需在智能移动设备上拖动代码积木，就能指挥大疆特洛做出相应动作，或者在游戏中通过完成关卡学习编程，乐趣十足。大疆特洛还开放了 SDK，让用户通过 DIY 定制独特功能，亲自拓展大疆特洛的更多可能性。

飞行中的大疆特洛无人机

可以放在掌心的大疆特洛无人机

大疆特洛 EDU 无人机

大疆特洛 EDU 是深圳市睿炽科技有限公司推出的益智编程无人机。

基本参数	
长 × 宽 × 高（毫米）	98×92.5×41
整机重量	0.087 千克
桨叶尺寸	3 英寸
最大平飞速度	28.8 千米 / 时
最大飞行时间	13 分钟
最大飞行距离	100 米
最大飞行高度	30 米
电池容量	1100 毫安时

大疆特洛 EDU 支持大疆特洛所有功能，并且全新升级了 SDK 2.0，支持挑战关卡的使用，让编程更精准、更有趣，并且可以使用大疆特洛 EDU 进行多机编队。用户能通过大疆特洛 EDU 可以轻松学习图形化编程、Python 和 Swift 等编程语言。该无人机支持图像化编程，用户只需在屏幕上拖动代码积木，就能指挥大疆特洛 EDU 做出相应动作。另外，“特洛星际旅行”教程将编程以太空探险形式展现，用户可以在 iPad 屏幕上根据提示编写代码、学习 Swift 语言，或者进行编队飞行。

大疆特洛 EDU 开放了相机视频流数据，有利于第三方应用的开发。借助 SDK 2.0，用户能编写程序，并运用机器视觉和深度学习等前沿科技，控制大疆特洛 EDU，实现物体识别、目标跟踪、三维重建等 AI 应用。

大疆机甲大师 TT 无人机

大疆机甲大师 TT（RoboMaster TT）是深圳市大疆创新科技有限公司推出的益智编程无人机。

基本参数	
长 × 宽 × 高（毫米）	98×92.5×41
整机重量	0.087 千克
桨叶尺寸	3 英寸
最大平飞速度	28.8 千米 / 时
最大飞行时间	8 分钟
最大飞行距离	100 米
最大飞行高度	30 米
电池容量	1100 毫安时

大疆机甲大师 TT 作为大疆教育天空端教育无人机，其致力于降低机器人和人工智能学习门槛，在学生接触科技教育的初期，培养其好奇心与自信心。为此，大疆机甲大师 TT 在大疆特洛 EDU 的基础上拥抱开源并全新升级，通过丰富的软、硬件拓展性，实现多机协同控制、人工智能应用等。同时，大疆机甲大师 TT 配套完善的无人机与人工智能课程及全新赛事体系，为机器人教育带来焕然一新的体验，充分激发学生的创造力。

大疆机甲大师 TT 采用了大疆先进的飞控算法，从而保障飞行的安全性与稳定性。同时搭载 500 万像素高清摄像头，让飞行画面更加流畅、稳定。该无人机支持路由器模式，使多台大疆机甲大师 TT 可以同时连接到一台 Wi-Fi 路由器，接收编程代码指令并提供反馈，从而实现多机状态同步，完成多台无人机协同控制。

大疆 FPV 无人机

大疆 FPV 是深圳市大疆创新科技有限公司于 2021 年 3 月发布的沉浸式无人机，用户可以佩戴 VR 飞行眼镜以第一人称视角进行操控。

基本参数	
长 × 宽 × 高（毫米）	255×312×127
整机重量	0.795 千克
最大上升速度	15 米 / 秒 (S 挡)
最大平飞速度	140 千米 / 时
最大飞行时间	20 分钟
最远续航里程	16.8 千米
相机有效像素	1200 万
电池容量	2000 毫安时

大疆 FPV 的外观与传统无人机差别较大，为了满足高速飞行，四个桨叶平面向前方大幅倾斜。机身采用流线型设计，即大疆御系列类似的灰色机身。套装中的大疆 FPV 飞行眼镜 V2 采用数字图传技术，延迟仅为 28 毫秒，图传距离可达 10 千米，图传码率最高可达 50Mbps。为了保证高速操控下的性能，图传视频帧率通常会保持在 120fps。

大疆 FPV 的相机采用 1/2.3 英寸 1200 万像素 CMOS 影像传感器，能以 120 Mbps 最高码率录制 4K/60fps 视频，提供 H.264、H.265 两种编码，最大码率为 120Mbps。此外，视频的色彩模式支持标准、D-Cinelike 两种，且具备强大的电子防抖功能。大疆 FPV 内置一个 Micro SD 卡槽，最大支持 256GB 存储卡，但没有机载存储空间。

大疆 FPV 无人机及其操控装置

飞行中的大疆 FPV 无人机

大疆阿凡达无人机

大疆阿凡达（Avata）是深圳市大疆创新科技有限公司于 2022 年 8 月发布的飞行体验无人机，可搭配飞行眼镜和穿越摇杆一同使用，通过转动手腕可实现体感控制，无论是飞行还是航拍，新颖的沉浸式玩法都能让用户享受纯粹的乐趣。

基本参数	
长 × 宽 × 高（毫米）	180×180×80
整机重量	0.41 千克
最大上升速度	6 米 / 秒
最大平飞速度	97.2 千米 / 时
最大飞行时间	18 分钟
最远续航里程	11.6 千米
相机有效像素	4800 万
电池容量	2420 毫安时

大疆阿凡达采用全新外观设计，且整机结构兼顾了轻型化与紧凑性，其轻巧的机身也更方便收纳与携带。其机身坚固耐用，自带桨叶保护罩，轻微碰撞后仍可正常飞行。得益于下视双目视觉和 ToF 红外传感系统，大疆阿凡达可感应机身下方的障碍物，并能实现低空飞行及室内飞行。大疆 O3+ 图传系统为大疆阿凡达的沉浸式飞行提供了一系列稳定性能与安全性能方面的保障，在不同的场景中，用户能够纵情遨游，图传也能紧随操控变化，且画面显示连贯顺滑。

大疆阿凡达的相机采用 1/1.7 英寸影像传感器，配备 f/2.8 光圈，支持拍摄 4K 超广角视频。相比普通航拍机 84 度的可视角度，大疆阿凡达的录像视角范围拓宽至 155 度，突破了常规航拍视野，为用户带来更具冲击力的视觉效果。该无人机拥有两项大疆旗舰增稳技术，即超强增稳、地平线增稳，在航拍时“发力”，可最大限度地消除画面晃动，从而为用户带来各具特色的影像风格。

飞行中的大疆阿凡达无人机

大疆阿凡达无人机及其操控装置

华科尔 Rodeo 110 无人机

华科尔 Rodeo 110 是广州市华科尔科技股份有限公司于 2017 年发布的室内迷你专业竞速穿越机。

基本参数	
长 × 宽 × 高（毫米）	101×117×55
主翼长度	70 毫米
整机重量	0.146 千克
最大飞行高度	120 米
最大飞行时间	8 分钟
工作环境温度	-10℃～40℃
相机有效像素	100 万
电池容量	850 毫安时

华科尔 Rodeo 110 以空心杯飞机的体积和重量，搭载竞速无人机的飞行速度，让用户在室内也能尽情享受第一人称视角穿越飞行的乐趣。华科尔 Rodeo 110 的机身轴距仅 110 毫米，重量仅 146 克，却同时结合了无刷电机的强劲动力和高强度的碳纤维机架。其机身结构耐冲击、耐腐蚀，底板厚度达 2 毫米，结合前臂弓形设计，超长的卸力面能有效降低机臂断裂的概率，无惧高速飞行带来的撞击风险。与此同时，电机、镜头等容易受到撞击的精密部件也配备了高强度的工程塑料保护罩，全面提升了无人机的抗撞性能。

华科尔 Rodeo 110 配有高清广角相机，机身前方搭载强光探照灯，即使是在夜间或室内光线微弱处，也能获得清晰的图像。一般空心杯无人机只有 2 ～ 3 分钟的续航时间，而华科尔 Rodeo 110 通过高效率的动力系统和高性能 850 毫安时（mAh）锂电池的搭配，其飞行时间可达 8 分钟，为相同尺寸四轴无人机的两倍左右。电池充电时长约为 30 分钟，这意味着仅需数块电池，用户便可实现不间断的飞行。

华科尔 Rodeo 110 无人机正前方视角

飞行中的华科尔 Rodeo 110 无人机

华科尔 Runner 250 Advance 无人机

华科尔 Runner 250 Advance 是广州市华科尔科技股份有限公司于 2015 年发布的航拍无人机。

基本参数	
长 × 宽 × 高（毫米）	236×205×102
整机重量	0.446 千克
最大上升速度	5 米 / 秒
最大平飞速度	40 千米 / 时
最大飞行时间	12 分钟
最远遥控距离	1 千米
相机有效像素	1200 万
电池容量	2200 毫安时

华科尔 Runner 250 Advance 的外观造型独特，体积小巧，结构紧实，整机重量较轻，没有使用传统的纸盒包装，而是采用双肩背包。该无人机采用模块化设计，用户可以按照安装说明书轻松拆装各个部件。机身前后都安装了冷暖 LED 灯，用户操控的时候很容易识别前后方向。机身采用碳纤维材料制造而成，无须担心其坚固程度的问题。

虽然华科尔 Runner 250 Advance 的定位是穿越机，但是为了照顾入门玩家，仍然配备了 GPS、转向指示灯、蜂鸣报警器等功能。附件方面，自紧桨、电池、充电器、数据线及小工具一应俱全。配套的 DEVO 7 遥控器采用四轴承设计，简单的按键设计及良好的手感让用户无须专门学习就能上手体验。

派诺特 Rolling Spider 无人机

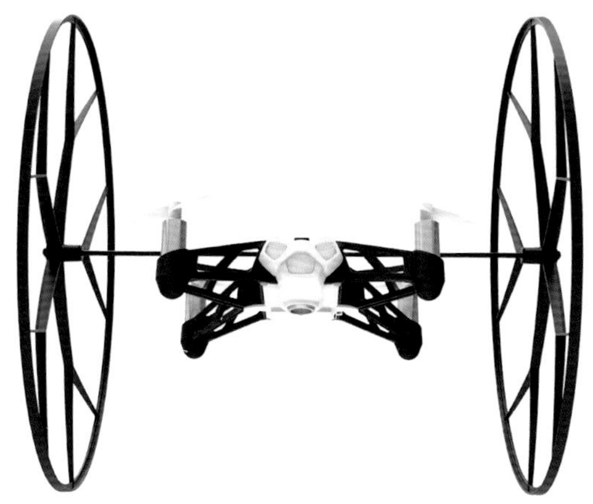

派诺特 Rolling Spider 是法国派诺特公司于 2014 年 7 月发布的微型智能遥控无人机。

派诺特 Rolling Spider 的机身采用聚酰胺材料，结构紧凑、轻盈且坚固，室内、室外皆可自由飞行。该无人机有红、蓝、白三种颜色可选，并且附有 1 组（12 个）“大嘴形状”的不干胶贴纸，可贴在机鼻下面。派诺特 Rolling Spider 可安装 2 个超轻车轮，它们由 1 根碳纤维轴支撑。一旦车轮被装上，派诺特 Rolling Spider 就可以像赛车一样在地面飞速行驶，也可以像蜘蛛一样沿墙面迅速爬至天花板。

基本参数	
长 × 宽 × 高（毫米）	140×85×55
轴距	85 毫米
整机重量	0.055 千克
最大平飞速度	18 千米 / 时
蓝牙有效范围	20 米
最大飞行时间	8 分钟
充电时间	60 分钟
电池容量	550 毫安时

派诺特 Rolling Spider 通过智能蓝牙技术使用免费应用程序 FreeFlight 3 进行操控，该应用程序适用于 iOS 和安卓系统的智能手机和平板电脑，也适用于 Windows 8.1 和 Windows Phone 8.1 系统。60 帧 / 秒的垂直摄像头安装在机身下方，飞行过程中有助于保持机身稳定。派诺特 Rolling Spider 可以使用垂直摄像头拍摄照片，并将其保留在 1GB 的闪存中。照片可借助嵌入式的微型 USB 连接器将其导入电脑中。

斯威普渔夫无人机

斯威普渔夫是深圳斯威普科技有限公司推出的钓鱼无人机。

基本参数	
轴距	450 毫米
整机重量	2.05 千克
最大上升速度	4 米 / 秒
最大下降速度	4 米 / 秒
最大平飞速度	79.2 千米 / 时
最大飞行时间	60 分钟
最远续航里程	1.6 千米
电池容量	6500 毫安时

斯威普渔夫的机身由工业级ABS塑料制成，外部防水电机和内部电子元件都覆有特殊涂层，进一步防水、耐腐蚀。在江、河、湖、海等水域环境中钓鱼，都能保证安全可靠。该无人机抛投长线距离远达1.6千米，从而为用户的钓鱼装备提供前所未有的抛投能力。用户不需要船只就能到达合适的钓鱼地点，在岸上就可以极大地扩大投饵范围，单次最多可投放重达2千克的多个鱼饵。

斯威普渔夫响应迅速，可以在飞行过程中及时停下，抗风等级达到7级。该无人机配备了4S大容量高压锂电池，使用寿命长，且无记忆效应。在没有诱饵的情况下，斯威普渔夫可提供30分钟的续航时间（鱼饵的重量会影响实际飞行时间）。强劲的续航能力让用户有充足的时间来完成钓点寻找和投放鱼饵。遥控器最远有效控制距离为1.6千米，能轻松满足用户对海钓距离的需求。遥控器提供实时飞行距离控制和信息，让用户可以更好地判断鱼饵的投放情况。

飞行中的斯威普渔夫无人机

斯威普渔夫无人机及其遥控器

臻迪小海豚无人机

臻迪小海豚（PowerDolphin）是臻迪科技股份有限公司推出的水下无人机。

基本参数	
长 × 宽 × 高（毫米）	534×230×125
整机重量	2.3 千克
最大前进速度	16.2 千米 / 时
最大工作时间	150 分钟
最远遥控距离	0.8 千米
工作环境温度	0℃～ 40℃
防水等级	IPX8
电池容量	5800 毫安时

臻迪小海豚搭载了一个独特的双关节旋转相机，镜头拍摄广角达到 132 度，更可通过旋转，满足水上、水下不同视角的拍摄需求，视场角可旋转范围为 –150 度～ 70 度（定义水平位置为 0 度，朝水平下方转动为负），从而为用户提供 220 度的全新拍摄视角。当臻迪小海豚使用向下视角时，不管是激动人心的咬饵过程，还是神秘的水底风光，都能在第一时间尽收眼底。

臻迪小海豚可以通过搭载 PowerSeeker 智能寻鱼器，并配合 Vision+ 应用程序内的路径航迹规划功能，自动扫描指定水域，并绘制水下地形图，以数据化和可视化的形式为相关机构、用户提供科学准确的水下信息。根据水域需求，臻迪小海豚还可直接拖挂鱼钩和鱼饵，并通过无线操控抵达指定位置，极大程度地延展了鱼竿的长度。

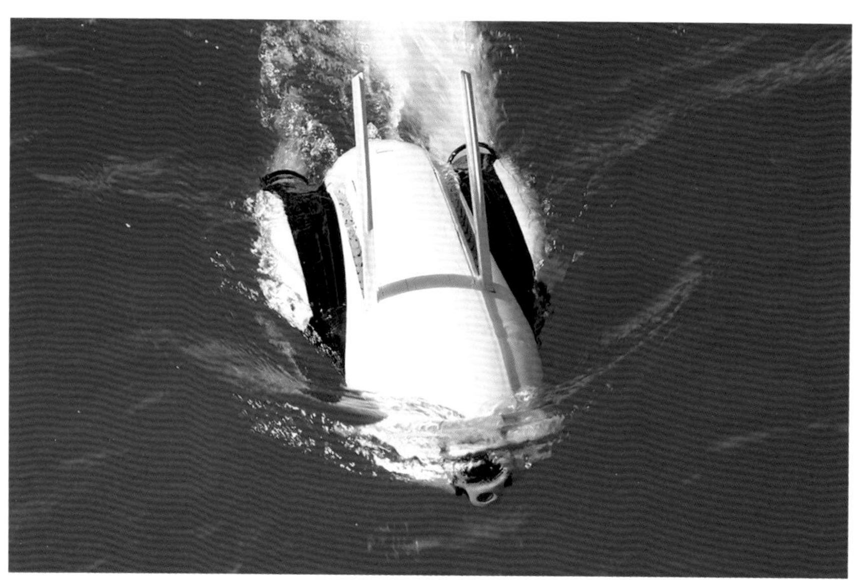

航行中的臻迪小海豚无人机

臻迪小海豚无人机使用向上视角

臻迪小海鳐无人机

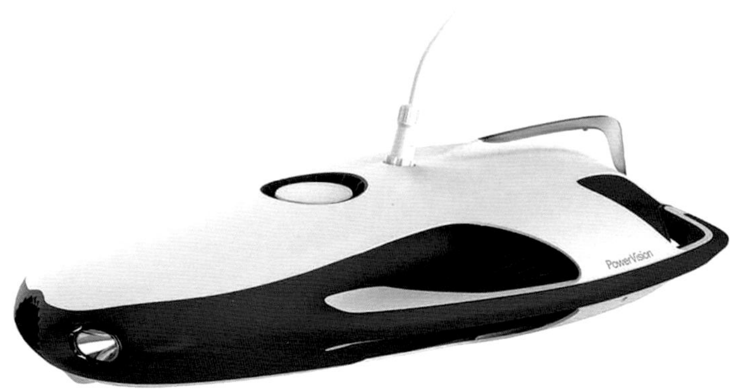

臻迪小海鳐（PowerRay）是臻迪科技股份有限公司推出的水下无人机。

臻迪小海鳐采用仿生设计，搭载2台水平推进器和1台垂直推进器，可以让臻迪小海鳐以1.5米/秒的速度在静水中自由游弋。该无人机内置4K高清摄像功能，可以出色完成水下新闻、电影、纪录片、创意婚纱拍摄等任务，用最酷炫的镜头，为用户打开水下世界的大门。

基本参数	
长×宽×高（毫米）	465×270×126
整机重量	3.8千克
最大前进速度	5.4千米/时
最大工作时间	240分钟
最大下潜深度	30米
工作环境温度	0℃～40℃
防水等级	IPX8
电池容量	6400毫安时

臻迪小海鳐的下潜深度可达30米，同时也能保证防水性，满足绝大多数潜水、寻鱼、水工、监测的场景应用需求。该无人机内置2枚高亮度LED照明灯，能够有效减少水下拍摄色差。同时具备水下智能定深悬停功能，精度达到±10厘米。臻迪小海鳐配备的VR眼镜为用户提供了第一视角的沉浸式体验，可以让用户身临其境地体验水中航行，零距离观看钓鱼过程。而臻迪小海鳐配备的声呐寻鱼器可探测70米深的水下地形、水温、深度，实时获取鱼群分布图，当探测到鱼群时，便会在应用程序中进行警报提示。寻鱼器既可以单独使用，也可以与臻迪小海鳐组合使用。

参考文献

[1] 姜晨光．走近无人机 [M]．北京：化学工业出版社，2021.

[2] 刘宾，籍莉．一本书搞懂无人机 [M]．北京：化学工业出版社，2019.

[3] 司朝润，武伟超，周旭．无人机大揭秘 [M]．北京：清华大学出版社，2019.

[4] 蔡志洲，林伟．民用无人机及其行业应用 [M]．北京：高等教育出版社，2017.

世界文化鉴赏系列

世界名画鉴赏
（珍藏版）

西方名画鉴赏
（珍藏版）

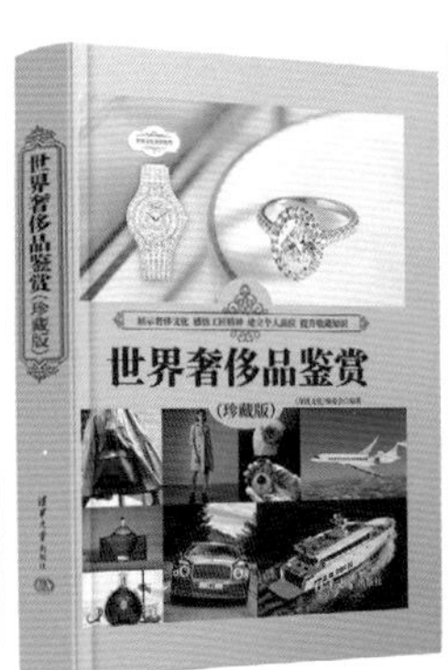
世界奢侈品鉴赏
（珍藏版）

世界名车鉴赏
（珍藏版）

世界名表鉴赏
（珍藏版）

世界汽车鉴赏
（珍藏版）

世界摩托车鉴赏
（珍藏版）

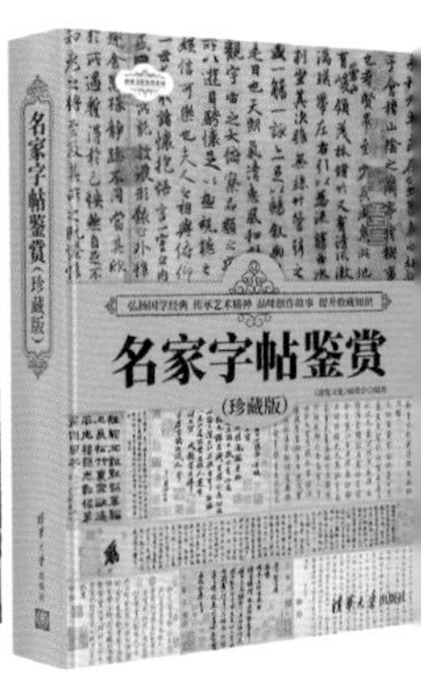
名家字帖鉴赏
（珍藏版）

现代汽车鉴赏
（家用汽车篇）

现代汽车鉴赏
（工程车辆篇）

现代汽车鉴赏
（特种车辆篇）

现代无人机
鉴赏
（珍藏版）